大展好書 好書大展

大展好書 好書大展

神算大師 1

劉伯溫神算兵法

應涵・編著

大展出版社有限公司

目錄

概述

《百戰奇計》是一部劉基（伯溫）的兵書。據研究，此書是一部講具體戰法並借助戰例說明的「實戰大全」。同時，它又是《奇門遁甲》的姊妹篇。《百戰奇計》和《奇門遁甲》一正、一秘、一陰、一陽，合稱神算「雙奇」。

《百戰奇計》共有篇目一百，將各種戰爭與戰法分成一百種，分而述之，告訴人們分別應該怎麼辦。例如「謀戰」篇，開篇就說「謀戰」即為凡敵人以謀算計我，而我設謀反擊，彼此鬥智，最後我使敵計窮而屈服，其後引用《孫子兵法》名言「上兵伐謀」為提綱挈領之言，最後引證了春秋晉齊兩國君臣相互伐謀的史例。

實際上，《百戰奇計》在思想上的原創性並不高，沒有多少超出前人的東西，但是它結合戰例，分戰法，對前人兵書的注釋卻十分明晰，是一部非常實用的兵學教科書。比如，它在解釋「窮寇勿迫」時，將之與「物極必反」的哲學理論聯繫起來，它說，在戰爭中，如果我眾敵寡，敵人畏懼而逃跑，這時不宜窮追猛打，因為物極必反，敵人被逼急了會拼命抵抗，應該整軍緩追，這樣方可獲勝。揭破了孫子「窮寇勿迫」背後的哲理。又比如，它對於孫子「其下攻城」的詮釋，也很有見地。它認為孫子把攻城視為下策，並非絕對地反對攻城，其精神在於要用小的代價換取小的勝利，避免以大的代價換取大的勝利，從而使國力損失過大。而且「其下攻城」還可以延伸為對城高池深的城市不用強攻，可以採取長期圍困戰術，迫而降之。《百戰奇計》在此引證了前燕與東晉廣固之戰為例，說明這個道理。當時東晉的廣固守將段龕深得士卒之心，上下團結，且城池堅固。進攻的前燕慕容恪認為如果派兵強攻，勢必死傷大批將士，不如圍而不攻，長期圍困，待其糧盡矢絕，自然就屈服了。果然，慕容恪以此術克服了廣固。

再如它對《孫子》「圍師必闕」的闡釋，出人意料地從被圍者的角度來考慮問題。它認為包圍敵人故意網開一面的計謀，實質上是一種精神戰術，故意留出生路使被圍者戰心動搖，有意逃跑，這樣反而易於殲滅，在這種情況下，被圍者最好的對策是自己斷掉敵人有意留出的退路，以堅定士卒之心，然後四面奮擊，以必死之心與敵接戰，有可能轉變局勢。

當然，《百戰奇計》講得最多的還是各種不同兵力對比、不同作戰對象、不同作戰情勢、不同天氣形勢、不同地理條件下的不同戰法。比如，當敵人無隙可乘時要靜心等待，乘其有變，方才出動；在處於優勢地位，有勝券在握時要不失時機地進攻；在敵強我弱的情況下，要避敵鋒芒，知難而退，設法分其勢，勞其兵，然後乘隙破之。戰時既要注意保障自己的後勤供應線，但卻要設法切斷敵人的供應線，山地作戰要先占據高阜；谷地作戰須傍依山谷；敵人登陸作戰要待其半渡而擊之；火戰要掌握好風向火候等等。《百戰奇計》對戰爭過程中出現的一些奇異現象也作了交待和解釋，比如在《人戰》篇中它就指出，行軍作戰時出現貓頭鷹落在帥旗上或旗竿突然折斷的怪異現象，實際上與戰爭勝負無涉，只是偶然現象作用而已。

計戰第一

用兵之道，應將計謀放到首位

用兵，是詭詐的行為，是心計的較量。有的計，能制服愚蠢的，但制服不了聰明的；有的計，能制服聰明的，但制服不了愚蠢的；有的計，不以為是計的，卻恰好是計；有的計，以為是計的，相反卻不是計。

計有千條，法具萬端。善用兵者必會用計，同樣，善經營者，其計亦奇。

〔原　文〕

凡用兵之道，以計為首。未戰之時，先料將之賢愚，敵之強弱，兵之衆寡，地之險易，糧之虛實。計料已審，然後出兵，無有不勝，法曰：料敵制勝，計險厄遠近，上將之道也。

漢末，劉先主在新野，三往求計於諸葛亮。

亮曰：「自董卓以來，豪傑並起，跨州連郡者不可勝數。曹操比於袁紹，則名微而衆寡，然操遂能克紹，以弱為強者，非惟天時，抑亦人謀也。今操已擁百萬之衆，挾天子以令諸侯，此誠不可爭鋒。孫權據有江東，已歷三世，國險而民附，賢能為之輔，此可以為援而不可圖也。荊州北據漢、沔，利盡南海，東連吳、會，西通巴、蜀，此周武之國，而其主不能守。此殆天所以資將軍，將軍豈有意乎？益州險塞，沃野千里，天府之土，高祖因之以成帝業。劉璋暗弱，張魯在北，民阜國富，不知存恤，智能之士思得明君。將軍既帝室之胄，信義著於四海，總覽英雄，思賢如渴，若跨有荊、益，保其岩阻，西和諸戎，南撫夷越，外結孫權，內修政治；天下有變，則命一上將將荊州之軍以向宛、洛，將軍身帥益州之衆出於秦川，百姓孰敢不簞食壺漿以迎將軍者乎？誠如是，霸業可成，漢室可興矣。』

先主曰：「善。」後果如此計。

〔譯文〕

通常用兵的法則，應該將研究、謀劃策略放到首位。在未交戰以前，先得了解敵方將領的領導才能與指揮作戰的水平，敵方的強弱，兵力的多少及部署情況，地形的險易，糧草是不是充足。敵我雙方的情況都了解清楚了、計謀周全了，然後再出兵，沒有不取勝的。兵法上說：判斷敵情、奪取勝利，觀察地形的情況，計算路程的遠近，這些都是主將應該掌握的原則。

東漢末年，劉備駐紮在新野，三次前去向諸葛亮討教治國謀略。

諸葛亮說：「自從董卓專權之後，豪傑紛紛起兵割據稱霸，橫跨州郡割據一方的舉不勝舉。曹操與袁紹相比，不僅兵力弱名望也小，然而他卻打敗了袁紹，由弱變強，這不僅是把握住了有利時機，同時也發揮了人的知慧與謀略。現在曹操已經掌握了百萬大軍，挾天子以令諸侯，真是無人可與他相較量的。孫權占據江東，已有三代的歷史，那裡地勢險要，不僅百姓肯歸附，而且有賢能良士輔助他。如此，對待孫權只能互相援助結盟，不能與他為敵。荊州北面依靠漢水、沔水，南面盡量利用南海的豐富資源，東面連接吳、會，西面直通巴蜀，這裡是戰略要地，可是荊州太守劉表卻不能守住它。這大概是上天將要賜予您的，您有這種意識嗎？益州地形險要，土地遼闊、肥沃，自然條件優越，物產豐富，漢高祖劉邦憑藉它成就了帝業。劉璋昏庸且懦弱無能，張魯又在北邊威脅著他。劉璋雖人口眾多，國家富裕，然而他卻不懂得保護與愛惜，荊州有才能的人都嚮往明君聖主。您既是皇室後裔，信義又廣傳天下，且能廣結天下的英雄豪傑，求賢之心如饑似渴。如果能占據荊州、益州二地，把守險要之處，西面同諸戎和睦相處，南面安撫夷越，外交上與孫權結盟，對內修文政治，一旦天下形勢發生變化，則命令一位將領率領荊州的軍隊攻占宛、洛，您親自率領益州的軍隊進向秦川，百姓都會擔著酒與食物來迎接您呢！如果是這樣，統一天下的大業大可成功，漢朝又可以復興了。」

劉備說：「好！」後來果然是依從諸葛亮的謀略而採取措施。

料敵制勝　上將之道

計，就是預計，計算之意，是人類智慧的結晶。計是人們在長期的歷史實踐中不斷積累，創造出來的，是認識世界、改造自然的成果。

戰爭中的計，是指戰爭之前，透過對敵我雙方客觀條件的分析，從而對戰爭的勝負作出謀劃、預測。在遠古時代，求生存的本能促使人類憑借武力去獲取他人的勞動成果，如此，戰爭便成為古代人賴以生存的最佳捷徑。

由於古代的經濟生活貧乏，科學發展極為緩慢，戰爭自然成為國家的興衰、朝代的更變、種族的繁衍標準，從而人類的智慧也就在戰爭中被發揮得淋漓盡致。

孫子說：開戰之前，「廟算」能夠獲取勝利的，是因為勝利的條件充分；開戰之前預計不能獲勝的，是由於勝利的條件不充分，計劃不周詳。「廟算」周詳就能獲勝，「廟算」疏漏就不能獲勝，何況不作「廟算」呢？所以說：判斷敵情奪取勝利，考察地形的險易，計算路途的遠近，就是主帥應掌握的方法。

謀戰第二

謀定而後動，
策勝於未戰之先

計策謀略，一方面當謀事於殺朕，理事於殺形，成事於無跡無象之中；一方面能屈人於無形，制人於無聲，勝人於不知不覺之中。它全是鬥智的事。謀定而後動，策勝於殺戰之先，殺戰而廟算勝，不戰而屈人之兵，謀可勝百萬師，這都是鬥智的謀略之用。

謀略之士是無名英雄，是成大事、創大業、立大功的幕後指揮家。

〔原　文〕

凡敵始有謀，我從而攻之，使彼計衰而屈服。法曰：上兵伐謀。

春秋時，晉平公欲伐齊，使范昭往觀齊國之政。齊景公觴之。酒酣，范昭請君之樽酌。公曰：「寡人之樽進客。」范昭已飲，晏子撤樽，更為酌。范昭佯醉，不悅而起舞。謂太師曰：

「我欲成周公之樂，能為我奏，吾為舞之。」太師曰：「瞑臣不習。」范昭出。景公曰：「晉大國也，來觀吾政，今子怒大國之使者，將奈何？」晏子曰：「觀范昭非陋于禮者，且欲慚吾國，臣故不從也。」太師曰：「夫成周公之樂，天子之樂也，唯人主舞之。今范昭人臣，而欲舞天子之樂，臣故不為也。」范昭歸報晉平公曰：「齊未可伐，臣欲辱其君，晏子得之；臣欲犯其禮，太師識之。」

仲尼曰：不越樽俎之間而折衝千里之外，晏子之謂也。

〔譯　文〕

出兵作戰之前，必須先制定好謀略，依照謀略計劃攻擊敵人，致使敵方計衰力竭而投降。兵法上說：「上等的作戰方法是以謀略戰勝敵人。」

春秋時代，晉平公想攻打齊國，派遣范昭到齊國觀察他們的政治情況。齊景公宴請他。酒興正濃之時，范昭請求用國君的杯子飲酒。齊景公說：「用我的杯子替客人進酒。」范昭飲酒完畢，晏子就撤回了杯子，又換上原先使用的酒杯。范昭假裝醉酒，不高興地跳起舞，並且對太師說：「我想以周公的舞樂而跳舞，如果您能為我伴奏，我就跳這種舞。」太師說：「我年老眼花，不熟悉這種舞曲。」范昭出去之後，齊景公說：「晉國乃是大國，前來探視我國的政治，如今你激怒了他們的使臣，這該怎麼辦呢？」晏子說：「以我的觀察來看，范昭不像粗魯無禮的人，如今他故意羞侮我國，所以我不順從他。」太師說：「周公的舞樂是天子的舞樂，只有君主才能跳。如今的范昭只不過是個臣子，卻想跳天子的舞樂，因此，我不願為他伴奏。」范昭回到晉國之後，向晉平公匯報說：「齊國不能攻伐，我想羞侮他們的國君，晏子就知道了；我想違犯他們的禮制，太師就識破了。」

孔子說過：不超越酒席之間的禮節，卻能制住千里之外的敵人，這裡所說的就是指晏子。

上兵伐謀　計衰而屈

用兵作戰最好的方法，是以謀略戰勝敵人。

隨著歷史的發展，作為一種勇氣與智慧相互較量的戰爭藝術，也在不斷地深化與發展。作戰雙方都非常重視謀略的運用，都千方百計地力求知己知彼，以便達到百戰不殆。毫無目的、毫無計劃盲目發動戰爭絕無僅有。要想戰勝對方，首先要識破、挫敗對方的謀略。也就是孫子所說：「上兵伐謀」旨意。晉平公想征伐齊國，范昭作為特使到齊國刺探政治、軍事情況，回來便報告晉平公：齊國不能征伐，我想羞辱齊國君，晏子便知道；我想違反他們的禮節，太師識破了。這就說明謀不可伐，戰之不勝。

對於謀略的運用，在當今時代，已經是縱向、橫向展開了，不僅僅在軍事上、政治上、外交上、商業上……無處不到，無處不用。

間戰第三

沒有不使用間諜的戰爭

巧妙地使用間諜，可以除掉敵人的心腹，殺死敵人的愛將，打亂敵人的計劃。在軍隊人事人，親莫親於當間諜的，賞賜的豐厚，也莫厚於做間諜的；事情之機密，也密不過間諜的實際性質的。

不是聖智的將帥，不能調用間諜；不是仁義的將帥，不能指使間諜；不是用心微妙、治事精明的將帥，不能取得間諜的真實情報。

〔原文〕

凡欲征伐，先用間諜覘敵之衆寡、虛實、動靜，然後興師，則大功可立，戰無不勝。法曰：無所不用間也。

周將韋叔裕，字孝寬，以德行守鎮玉壁。孝寬善於撫御，能得人心。所遣間諜入齊者，皆為盡力。亦有齊人得孝寬金賂者，遙通書疏。故齊動靜，朝廷皆知之。

齊相斛律光，字明月，賢而有勇，孝寬深忌之。參軍曲嚴，頗知卜筮。謂孝寬曰：「來年東朝必大相殺戮。」孝寬因令曲嚴作謠歌：「百升飛上天，明月照長安。」百升，斛也。又言：「高山不推自潰，槲木不扶自立。」令諜者多賫此文遺之於鄴。齊祖孝正與光有隙，即聞，更潤色之。明月卒以此見誅。周武帝聞光死，赦其境內，後大舉兵伐之，遂滅齊。

〔譯　文〕

凡是征戰討伐，先得派遣間諜去探察敵人的多少、虛實、動靜，然後才可以興兵出征。如此則可大功告成，戰無不勝。兵法上說：沒有不使用間諜的戰爭。

北周將領韋叔裕，字孝寬，以德行高尚而鎮守玉壁（今山西稷山西南）地區。韋叔裕善於使用安撫的辦法鎮守邊疆，極得人心。他所派遣去北齊的間諜都能盡心盡力。同時還有不少的北齊人也得到了韋叔裕的賄賂，雖在遠方卻以書信的方式為他通報消息。因此，北齊的一舉一動，北周的朝廷都能知曉。

北齊的宰相斛律光，字明月，為人賢明而且勇敢，韋孝寬非常忌怕他。韋孝寬有位叫曲嚴的參軍，很精通占卜方面的事情，他對韋孝寬說：「明年齊國必然要出現相互殺戮。」韋孝寬因此命令曲嚴作歌謠：「百升飛上天，明月照長安。」百升就是指斛律光。再作歌謠：「高山不推自潰，槲木不扶自立」。又命令很多間諜，帶著寫有這些之類的傳單到北齊京城鄴（今河北臨漳西南）廣為散發。北齊左僕射祖孝正與斛律光有仇隙，便更加擴大宣揚，斛律光終於因此受殺害。北周武帝聽到斛律光已死的消息，在國內皇恩大赦，然後大舉興兵攻討齊國，於是北齊滅亡了。

先用間諜 然後興師

利用間諜，自古有之。也就是說，沒有不用間諜的戰爭。

運用間諜的方式有五類：因間、內間、反間、死間、生間。這五類間諜都同時使用起來，使敵人無從了解我方用間的規律，這就是奇妙莫測的要領，是國君、將帥們的法寶。

古代作戰，交通不便，信息不靈通，受這兩方面的制約，將士出征，少則數月，多則幾年，將帥離心，君臣離德，互為猜疑，彼此戒備的情況常有發生。如若君主昏庸，身邊多的是奸佞小人，這時利用反間計，一時謠言四起，不久便可形成動搖之勢，那麼，前方征戰將士的命運便岌岌可危了。

然而用間所說的雖是戰略偵察，其內容不能侷限於軍事戰略的偵察範圍，破壞行為，還要對敵國的政治情況、經濟情況等方面作透徹的了解。

選戰第四

與敵作戰，必須挑選猛將精兵

領袖用人之要務，首先宜於天下人才中選人才，而不可於庸才中選人才。也就是俗話說的宜於長子中選長子，而不可僅於矮子中選長子。於矮子中選長子，於庸才中選人才，自以為得長子得人才，實則不是天下之人才。

道理十分明瞭，但歷史上林林總總的帝王領袖，卻失敗在這一著上而不自知，反以為天下人才盡歸於己，這豈不是十分可笑？

〔原　文〕

凡與敵戰，須要揀選勇將銳卒，使為先鋒，一則壯我志，一則挫敵威。法曰：兵無選鋒者北。

建安十二年，袁紹敗亡，袁尚與其弟熙率衆奔上谷郡投烏桓。烏桓數入塞為害。曹操征之。夏五月至無終，秋七月，大水潦，海道不通。田疇請為嚮導，操從之。率輕騎兼道而行，出盧龍塞，水潦，道不通，乃塹山堙谷五百餘里；越白檀，歷剛平、鮮卑庭東，陷柳城。未至二百里，敵方知之。袁尚、袁熙與蹋頓、遼西單于等衆將數萬騎逆軍。八月登白狼山，操輜重在後，被甲者少，左右皆有懼色。操登高而望，見敵陣不整，乃使張遼為先鋒，縱兵擊之，敵衆大潰。斬蹋頓，及名王以下，降漢者二十餘萬口。

〔譯文〕

一般說來與敵人作戰，必須挑選勇將精兵為先頭部隊，一則壯自己的志氣，一則挫敗敵人的威風。兵法上說：「軍隊中如果沒有精銳的先頭部隊，就會敗北。」

東漢建安十二年（西元二〇七年），袁紹敗亡，袁尚同他弟弟袁熙帶領殘敗部隊奔逃到上谷郡（今河南懷來東南），投奔了烏桓族。烏桓軍隊數次入關騷擾，為害不淺，於是曹操領兵征討烏桓。夏季五月間，曹軍到達無終（今天津薊縣）。到了秋季七月間，洪水氾濫，沿海道路淤塞不能通行。田疇自願請求為嚮導，曹操聽從了他的建議。率領輕裝騎兵快速前進，走出盧龍塞（今河北喜峰山附近）之後，開山平谷五百多里，越過白檀（今河北灤平縣東北興州河南面），途經剛平、鮮卑朝廷以東，攻下了柳城（今遼寧朝陽南都）。再行軍不足二百里，敵方知道了消息。袁尚、袁熙與烏桓首領蹋頓、遼西單于樓班等人，率領數萬騎兵迎戰曹軍。八月間，曹操登上白狼山（今白鹿山，遼寧喀喇沁左翼蒙古族自治縣境內）。當時曹軍輜重隊伍還在後面沒有跟上，披鎧甲的人員不多，左右都有害怕的樣子。曹操登上高處察望敵情，看到敵軍陣容混亂，便命令張遼為先鋒，縱兵襲擊，敵軍大敗。斬殺了蹋頓，及名王之下投降漢朝的人有二十多萬。

挑選將士　挫敵之威

率軍作戰，並不在於兵多勢眾，而在於挑選猛將精兵。如果沒有精銳部隊，必然有失敗的危險。

從古代戰爭來說，如果軍隊中多的是殘兵老將，作戰意圖就難以統一。上下不能齊心協力，而是猶豫不決，即使有百萬之眾，只不過是烏合之眾而已。在這種情形之下，不僅難以獲勝，反倒是累贅，是導致失敗的因素。如果兵精糧足，士氣高昂，上下同心同德，協調一致，即使在人數上處於劣勢，哪怕對方有百萬大軍，也敢衝敵殺，易於取勝。

從現代化戰爭來說，尤其要選拔精良的軍隊，用現代的高科技武器去對付接近於冷兵器的落後軍隊，何止以一敵百，敵千？所以說，現代化戰爭不是什麼人員上比優劣，而是在高科技，尖端武器上比優劣。

步戰第五

最早用於戰爭的就是步兵

時代天天在進步，人們稍一懈怠，就落在時代的後面。說這是無止境的追趕與攀援，認爲它毫無意義也好，但爲了生存，我們很難抗拒時代的推力。

爲了使自己充實並跟上時代，我們不但要了解古人的成就和古聖先賢的想法，更要了解今人的成就和人們的新創造、新觀念、新見解，以及這世界新的趨勢。積極進取，才不會落伍。

〔原　文〕

凡步兵與車騎戰者，必依丘陵險阻草木而戰則勝。若遇平陽之道，須用拒馬槍為方陣，步兵軍於其內。分為駐隊、戰隊。駐隊守陣，戰隊出戰；戰隊守陣，駐隊出戰。敵攻我一面，則我兩哨、出兵從旁以掩之；敵攻我兩面，我分兵從後以搗之；敵攻我四面，我為圓陣分兵四出以奮擊之。敵若敗走，以騎兵追之，步兵隨其後，乃必勝之方。法曰：步兵與車騎戰者，必依丘陵險阻，如無險阻，令我士卒為行馬、蒺藜。

《五代史》晉將周德威為盧龍節度使，易敵不修邊備，遂失榆關之險。契丹每芻牧於營平之間，陷新州；德威復取不克，奔歸幽州。契丹圍之二百日，城中危困。李嗣源聞之，約李存勖，步騎七萬，會於易州以救之。乃自易州北行，逾大房嶺，循澗而東。嗣源以養子從珂，將三千騎為先鋒，進至山口；契丹以萬騎遮其前，將士失色。嗣原以百騎先進，免冑揚鞭，胡語謂契丹曰：「汝無故犯我疆埸，晉王命將百萬騎衆直抵西樓，滅汝種族。」因躍馬奮撾，三入其陣，斬契丹酋長一人。後軍齊進，契丹兵卻，晉兵始得出。李存勖命步兵伐木為鹿角陣，人持一枝以成寨。契丹環寨而過，寨中萬弩齊發射之，流矢蔽日，契丹人馬死傷者塞道。將至幽州，契丹列陣以待之。存勖命步兵陣於後，戒勿先動。令羸兵曳柴燃草而進，煙塵蔽天。契丹莫測其兵多少，因鼓入戰。存勖萬趁後陣起而乘之，契丹遂大敗，席卷其軍，自北山口遁去。俘斬其首級萬計，遂解幽州之急。

〔譯　文〕

凡是步兵與戰車、騎兵作戰，必須依靠山丘險阻、草木掩蔽而取勝。如果在平坦的大道上，必須用拒馬長槍列為方陣，把步兵設在中間。隊形要劃分為駐隊與戰隊。駐隊守住陣勢，戰隊出戰；戰隊守陣時，駐隊出戰。敵人從一方面攻擊我時，我軍從兩翼出戰，並從旁邊掩護拼殺；敵人從兩方面來擊我軍時，我軍則從敵人後面攻擊它；敵人從四面圍攻我時，我軍則列成圓陣分兵四路奮勇反擊。敵人若是敗北逃跑，我就以騎兵追擊，而且步兵要緊跟在騎兵後面。這才是取勝的良好策略。兵法上說：步兵同戰車、騎兵交戰，必須依靠丘陵、山林險阻，如果沒有險阻可利用，就要使我軍多製作一些蒺藜。

《五代史》記載：晉代將領周德威任盧龍節度使時，輕敵而不重視邊關事務，又不採取防守措施，致使丟失了山海關的險隘，契丹的軍隊經常到營州（今河北昌黎）與平州（今河北盧龍）之間活動，並攻佔了新州。周德威反攻無力，逃回幽州（今北京）。契丹的軍隊又圍攻幽州二百多天，幽州城非常危急。李嗣源得知這個消息，急忙率領步、騎兵七萬多人，與李存勖在易州（今河北易縣）會師後一同去救援幽州。大隊人馬從易州往北進發，越過大房嶺之後，沿著河澗向東，李嗣源命令養子李從珂率領三千騎兵作為先鋒。前進到山口時，契丹以一萬多騎兵阻在前，這時官兵大驚失色。李嗣源率領百多名官兵奮勇向前，脫去鎧甲，揚鞭力戰，並用契丹語對他們說：「你們無故進犯我國邊疆，晉王命令我統領百萬騎兵直抵西樓，消滅你們一族。」他乘勢躍馬猛進，三次衝進敵陣，殺死了契丹一名酋長。後面的軍隊合力猛進，契丹軍隊退卻了，晉軍這才順利通過。李存勖命令步兵砍伐樹木，排列成鹿角陣，每人拿一根樹枝排成營寨形狀。契丹軍隊繞寨而過，寨中萬箭齊發，流箭都遮蔽住了太陽。契丹人馬死亡很多，死屍堵塞了道路。即將到幽州時，契丹軍隊已經列好陣式，等待晉軍的到來。李存勖命令步兵到陣勢的後面去，並告訴他們一定不能先動；又命令老弱軍士堆起柴草起來，起火並進，煙塵遮蔽了日天，契丹不清楚晉軍到底有多少，仍然依從鼓聲進入戰鬥，李存勖便乘機向敵陣發動攻擊。契丹軍隊大敗倉惶而逃，由北山口敗走。晉軍俘虜與殺死敵軍一萬多人，於是解除了幽州的危難。

列爲方陣　步兵居內

自從人類出現戰爭以來，最早用於戰爭的就是步兵。不管戰爭發展到哪種勢態，作戰採用怎樣複雜的戰術，就是多兵種協同作戰，最後解決問題的仍然還是要步兵來收拾戰場。就現代化戰爭而言，步兵仍然是戰爭中不可缺少的兵種。就歷代的戰爭而言，戰鬥都離不開人與人之間的短兵相接，所以歷代兵家對步兵作戰尤為重視，著述最多，分析得最細緻。

在山區作戰，步兵的優勢更佳，更善於發揮靈活機動的特長。可以利用山區的天然條件、地形地物打擊敵人，保護自己。如果騎兵與車兵在山區同步兵作戰，遠遠就沒有步兵的靈活性強，活動範圍大，多少都要受限制。而步兵進可攻，退可守，取勝的希望大得多。

任何事物，都有利弊兩個方面，步兵作戰亦是如此。人是萬物之靈，如果不能善於利用有利條件，發揮自己的優勢，不能審時度勢，主動權就會被對手搶去，同樣會遭致失敗。

騎戰第六

平原地帶　利於騎兵

當你失敗時，你不快樂，因此，你追求成功；當你被人輕視時，你不快樂，因此，你盡力使自己有點貢獻，好贏得人的尊重。

當一個人做下壞事，被官兵追捕，東躲西藏，或被捕入獄，失去自由的時候，他不快樂，因此，他想守法。

成功與榮譽，維生之資的求得，奉公守法和無愧於心的坦然，不但使你快樂，而且使你覺得安全。

〔原　文〕

凡騎兵與步兵戰者，若遇山林險阻、陂澤之地，疾行急去，是必敗之地，勿得與戰。欲戰須得平易之地，進退無礙，戰則必勝。法曰：易地則用騎。

《五代史》：唐莊宗救趙，與梁軍相拒於柏鄉五里營，於野河北。晉兵少，梁將王景仁將兵雖多，而精銳者亦少。晉軍望之色動，周德威勉其衆曰：「此汴宋傭販耳。」退而告之。莊宗曰：「吾提孤兵出千里，利在速戰，今若不乘勢而急擊之，使敵人識我之衆寡，則計無所施矣。」德威曰：「不然，趙人皆守城而不能野戰；吾之取勝，利在騎兵。蓋平原曠野之中，騎兵之所長也；今吾軍於河上，迫近營門，非吾之所長也。」

莊宗不悅，退臥帳中，諸軍無敢入見者。德威乃請監軍張承業曰：「王怒。老將不速戰，非怯也。且吾兵少而臨賊營門，所恃者一水隔耳，使梁得舟筏渡河，吾無類矣。不如退軍鄗邑，誘敵出營，擾而勞之，可以策勝也。」承業入言曰：「德威老將知兵，願無忽其言。」莊宗遽起曰：「吾方思之耳。」已而德威獲梁游兵，問景仁何為，曰：「治舟數百，將以為浮梁。」德威乃與俱見。莊宗笑曰：「果如公所料。」乃退軍鄗邑。

德威乃遣騎三百，扣梁營挑戰，自以勁兵三千繼之。王景仁怒，悉以其軍出。德威與之轉鬥十里，至於鄗南，兩軍皆陣，梁軍橫亙六七里，莊宗策馬登高，望而喜曰：「平原淺草，可前可卻，眞吾制勝之地也。」乃使人告德威曰：「吾當與戰。」德威又諫曰：「梁軍輕出而遠來與吾轉戰，其來既速，必不暇齎糧糗；縱其能齎，有不暇食。不及日午，人馬饑渴，其軍必退；退而擊之，必獲勝焉。」

至未申時，梁軍中塵煙大起，德威鼓譟而進，梁軍大敗。

〔譯　文〕

通常騎兵同步兵作戰，如若遇上山林險阻、低窪的地形時，應立即離開。這些地形是騎兵最容易失敗的地方，很不適宜與敵人交戰。騎兵作戰最適應於平原地帶，退進都無阻礙，如此才能每戰必勝。兵法上說：平坦地形就能利用騎兵。

《五代史》中載：唐莊宗李存勖救趙之時，同梁軍在柏鄉（今河北滏陽河一帶）五里營相對峙。晉軍兵員少，列陣在河的北邊；梁將王景仁的兵將雖多，然而精良兵將極少。晉軍看到梁軍人多，覺得有些害怕。

周德威於是鼓勵部下說：「那些梁國軍隊是容易打敗的。」周德威回到大本營後，對莊宗匯報了這些情況，莊宗說：「我率領的孤軍千里出戰，惟有速戰速決才會有利；倘若現在不能乘勢馬上發動進攻，敵人一旦了解到我們的兵力很少，那時我們則無計可施。」周德威說：「這也不一定，趙軍只善於守城卻不善於在野外交戰。我們要想奪取勝利，優勢卻在騎兵。在一望無垠的草原上，騎兵就善於發揮自己的長處。如今我軍駐紮在河邊，接近敵人的營盤，這樣不容易發揮出我軍的長處。」

莊宗聽後心中極不高興，退到後營休息去了。全軍之中無一人敢去拜見他，周德威便請來監軍張承業說：「主上發怒了，我不想速戰，並不是懼怕敵人。我方兵員少，又接近敵方的營盤，所依恃的只有一條河而已，如果敵方利用船與木排而渡河，那麼我們就危險了。不如退兵到鄗城（今河北柏鄉北面），引誘敵軍出營，我們連續騷擾使敵人疲勞。這才是取勝的策略。」張承業去拜見唐莊宗說：「周德威是老將，熟悉兵法，希望您不能輕視他的話。」莊宗連忙起來說：「剛才我也是這樣考慮的。」

不久，周德威捉到一個梁軍的散兵，審問他王景仁在做什麼，散兵回答說：「打造了幾百隻船，準備用船作浮橋渡河。」於是周德威就帶領俘虜一起來見莊宗。莊宗笑著說：「果然如同你所預料的一樣。」於是馬上把部隊撤到鄗城。

周德威命令三百騎兵到梁軍營門前挑戰，自己率領精兵跟隨在後。王景仁大怒，領兵傾巢出動。周德威且戰且退，輾轉十多里，直到鄗城南面。如此雙方拉開陣勢，梁軍縱橫六、七里長。莊宗策馬登高眺望，高興地說：「寬闊的平原，草又長得淺，可進可退，這真是我克敵取勝的上好地帶！」於是便派人對周德威說：「現在我們可以同敵人決戰了。」周德威又諫勸說：「敵軍輕率傾巢出動，遠途奔波來與我們決戰，來得急促，必然顧不上帶足糧食，就是帶了一些糧食也沒有時間去吃，等到中午，人馬就會饑渴，必定要撤退。等他們撤退時再追擊他們，我們肯定可大獲全勝。」

不到未、申時刻，敵陣中煙塵瀰漫，周德威便命令部隊擊鼓猛攻，梁軍大敗而回。

平地用騎　戰則必勝

兵法上說：平坦地帶可以使用騎兵作戰。由於平原地帶無險阻，一馬平川，可以利用騎兵部隊的快速、衝擊力大的特點，一舉衝散步兵陣形，來得快，撤得也快。因此騎兵更利於打破僵局，取得速戰速決的效果。

騎兵作戰源自於古時候北方的少數民族。中原地帶使用馬匹是用車戰，或傳遞信息，自從趙武靈王胡服騎射之後，於是利用騎兵作戰便普及開了。由於北方的地形大多是大漠草原地區，非常利於騎兵急速奔馳，長驅直入的特點。

騎兵在平原地區作戰的另一大特點，就是進退自如，進攻時全力壓上，撤退時瞬間無影無蹤，收穫大，損失少。歷史上騎兵最厲害的要數蒙古兵，他們締造了世界上最大帝國，令後人贊嘆不已的戰史，就是由剽悍的蒙古騎兵創造的。

南北朝時代，魏僕射楊昱、西阿王元慶、撫軍將軍元顯共同率領禁衛軍七萬人馬在滎陽組織大決戰。北魏兵精將猛，城防堅固，陳慶之攻戰不下，魏皇室成員大將元天穆的大隊人馬也到達了。

元天穆首先派遣驃騎將軍爾朱吐沒兒率領騎兵五千，魯安率領騎兵九千增援楊昱，魏右僕射爾朱世隆、西荊州刺史王黑率領騎兵一萬進駐虎牢關，形成大包圍局勢。

大敵當前，無退路可走，戰士們感到驚慌不安，陳慶之鎮定自若，說：「我們屠城略地，殺人無數，兩軍相對，情同仇敵，勢不兩立。如今敵軍有三萬七千，我軍僅僅七千人馬，在這種情形之下，惟有以死報國。我們不能與敵人騎兵爭奪平地，必須趁敵人還沒有集中之前。爭取在短時間內，攻下滎陽。請大家不必遲疑和驚恐，決不能束手待斃。」

一通戰鼓之聲未絕，全體將士奮勇登上了敵城，城內剛剛安定，敵人騎兵已攻到城下，陳慶之親自率領三千騎兵迎戰，三千健兒英勇無比，大敗敵軍。魯安陣前投降，元天穆、爾朱吐沒兒單騎逃走，陳慶之部隊繳獲軍械、戰馬、穀、帛不可勝數。虎牢關守將爾朱世隆也棄城而逃，北魏孝莊皇帝元子攸無計可施，單人匹馬逃奔并州，皇室其他成員和大臣迎接元顥回歸洛陽。

陳慶之率領七千騎兵從銍縣（今安徽宿縣西南）到洛陽，一百四十天中，連續攻克了三十二座城池，大戰四十七場，一往無前，威震天下。

舟戰第七

錯過了機緣，就會失去有利環境

謀事在人，成事在天。

任何真正的成功都不會是單憑運氣的。即使有時適巧碰到能導致成功的機緣或環境，如果其中沒有自己的實力做後盾，還是會錯過機緣，失去環境。有志者事竟成。機會只是給你一條道路，走不走還得看你自己。

〔原文〕

凡與敵戰於江湖之間，必有舟楫，須居上風、上流。上風者，順風，用火以焚之；上流者，隨勢，使戰艦以衝之，則戰無不勝。法曰：欲戰者，無迎水流。

春秋，吳子伐楚。楚令尹卜戰，不吉。司馬子魚曰：「我得上流，何故不吉？」遂戰，以巨艦衝突，吳軍勢弱，難以相拒，遂至敗績。

〔譯　文〕

與敵人在江河湖海中作戰，必定要有船隻，必定要佔據上風、上游。佔據了上風，可以利用風勢焚燒敵人；佔據了上游，可以順著水勢，用戰船衝擊敵人，這樣就能戰無不勝。兵法中說：要想同敵人進行水戰，不要逆水而居下游。

春秋時代，吳國攻擊楚國。楚國的令尹占卜勝敗後認為不吉利。司馬子魚說：「我軍佔據在上游，為什麼不吉利呢？」在兩軍交戰時，楚國以大船衝擊，吳軍處於劣勢，難以抵擋，於是大敗。

戰於江湖　必有舟楫

從前，江河一度成為爭鬥、戰爭的場所，隨著人類改造自然能力的增長，技術進一步的改革，舟船原本是用來乘坐人員、運載貨物的水上交通工具，而現在逐漸受到軍事家的青睞，成為戰爭中必不可少的武器。

從前中國作戰的特點是：北方多陸戰，南方多水戰。水戰的主要工具則是舟船。憑借水流、水勢、風向等自然因素作戰。所以兵法上說：要想進行水戰，就不能置身於逆流之中。水上作戰的範圍受限制，戰術也單一，江河的上游、上風是作戰的重要條件。處於上游，船艦可以憑借水勢，不須人力即可猛衝敵方船陣，打亂敵軍的作戰部署。處在上風，可以發揮火攻的優勢，例如火燒連營七百里。

總的說來，只要有人類的地方，都會有戰爭出現。當今時代，天上、地面、水底、外層空間，都出現了戰爭。古時代雖遠遠不能與當今相比，但從戰爭上來看，人們的智慧也發揮到了極限。

車戰第八

廣闊地帶利於兵車作戰

肯工作，所需的是勤勞與堅忍；肯工作而又能快樂工作的人，則認爲工作不再是一項苦役，而是種創作的表現。這樣的工作態度往往塑造出傑出人才。多充實自己，使自己在工作上能夠勝任。當工作有成績並得到贊賞時，本來枯燥的工作也就有了樂趣。

對工作付出的心力多，所得的樂趣也多。

〔原　文〕

凡與步騎戰於平原曠野，必須用偏箱、鹿角為方陣，以戰則勝。所謂一則治力，一則前拒，一則整束部伍也。法曰：廣地則用車軍。

晉涼州刺史楊欣，失羌戎之和，為敵所沒，河西斷絕，每每帝有西顧之憂。臨朝而嘆曰：

「誰能為我通涼州討此賊者乎？」朝臣莫對。司馬督馬隆進曰：「陛下若能任臣，臣能平之。」帝曰：「若能滅賊，何為不任，顧卿方略何如耳？」隆曰：「陛下若能任臣，當聽臣自在。」帝曰：「云何？」對曰：「臣請募勇士三千人，無問所從來，率之鼓行而西，稟陛下威德，丑類何足滅者。」帝許之，乃以隆為武威太守，隆募腰開弩三十六鈞，立標陳試，自旦至日中，得三千五百人。隆曰：「足矣！」隆於是率其衆西渡溫水，虜樹機能等以衆萬騎，或乘險以遏隆前，或設伏以截隆後，隆以八陣圖，作偏箱車，地廣用鹿角車，路狹則為木屋施於車上，且戰且前。弓矢所及，應弦而倒，轉戰千里，殺傷以千數。隆到武威，虜大人卒跋韓。且萬能等，率萬餘衆歸。隆前後誅殺及降附者數萬。又率善戎、沒骨能等，與樹機能等戰，斬之，涼州遂平。

〔譯文〕

步兵、騎兵在平原曠野中交戰，必須以偏箱、鹿角作為方陣，這樣作戰可以取得勝利。因為這種方法一則可以保持戰鬥力，二則可以阻止敵人的接近，又能整束自己的隊伍。兵法中說：廣闊地帶就利用戰車作戰。

西晉時代的涼州刺史楊欣因與當地羌族部隊不和，被他們所消滅，因此，河西（今甘肅武陵一帶）被敵人分割切斷。晉武帝常常因西部局勢而煩憂，臨朝時感嘆地說：「哪個能為我打通涼州（今武威），平定這些盜賊？」朝中大臣無一人敢回答。司馬督軍馬隆上前說：「陛下如果能任用我，我就可以平定他們。」晉武帝說：「你如果能滅去那些盜賊，為什麼不能任用呢？我想聽一聽你使用的方法和策略！」馬隆說：「陛下如果能任用我，就應該讓我自己方便行事。」武帝說：「為什麼要這樣說呢？」馬隆回答說：「我請求招募勇士三千人，請不要過問他們從哪裡來，我率領他們擊鼓西行，依仗陛下的威風與恩德，何愁敵人不被消滅？」

武帝便同意了，於是任命馬隆為武威太守。馬隆自費打造了三十六鈞的弓，立起標旗，進行實陣考核，從早晨到中午，選出了三千五百人。馬隆說：「足夠了。」於是，馬隆率領部隊西渡溫水（今南盤江），敵方樹機能等以萬餘騎兵阻擊，或是在險要的路口阻攔晉軍的前進道路，或是設伏兵攔截晉軍的後衛部隊。

馬隆按照八陣圖的方法製作偏箱車，在廣闊地帶，則利用鹿角車設營盤；遇到狹窄的道路就製作木屋，放到車上，一邊作戰一邊前進。只要在弓箭的射程內，敵人都應箭而倒下。轉戰千里，殺傷敵人數千。

馬隆到達武威時，俘虜了羌族軍首領萃跋韓，敵將領且萬能等率領一萬多人歸降。馬隆前後誅殺與降服敵軍數萬名，又統領善戎、沒骨能等直接同樹機能交戰，樹機能被斬殺，涼州終於平定了。

開闊地帶就可以利用兵車作戰。戰車是一種古老的作戰武器，在沒有出現騎兵作戰時，車兵與步兵同樣是作戰的主要兵種。

由於戰車本身受侷限性，漸漸在戰爭中降到最次地位，曾一度被淘汰。到了近代，由於機器製造業的出現與快速發展，戰車又在戰爭中爭到一個位份。當代的裝甲車、坦克等戰車，其功用與古代的馬拉戰車之功用大為相似。

戰車的長處是既節省人力，又加強了本身防護能力，作戰速度、效應比步兵來得快。短處是對於作戰地形的要求苛刻，如果在山丘地帶或坎坷不平地帶，戰車就不能發出威力。在平原地帶則是車戰的有利之處。發動攻擊時，用集團衝鋒，步兵追隨在後，可減少傷亡；防守時，可以劃地為牢，排列起來，本身就能成為防禦屏障。

整東部隊　廣地用車

信戰第九

取信於民爲立國之本

民無信不立。取信於民爲立國之本，取信他人是立身之本。誠實的言行往往比巧妙的言行更能打動人心。

一個人誠實的心聲，往往能喚起一大群誠實人的共鳴。而誠信的關鍵就在於「言必信，行必果」。

信於言也易，信於心也難。小信守言，大信守心。君子守言，聖人守心。

〔原　文〕

凡與敵戰，士卒踏萬死一生之地而無悔懼之心者，皆信令使然也。上好信以任誠，則下用情而無疑，故戰無不勝。法曰：信則不欺。

三國，魏帝自征蜀歸長安，遣司馬懿督張郃諸軍會雍、涼以勁卒二十萬潛進，窺向劍閣。

蜀相諸葛亮時在祁山，旌旗利器，守在險要，其兵更下者八萬。時魏軍始陣，代兵幷交，秦佐城以賊衆強盛，非力所制，宜權停下兵一月行，以併聲勢。亮曰：「吾統武行師，以大信為本，得利失信，古人所惜；去者速裝以待期，妻子鵠立而計日，雖臨征難，義所不廢。」皆催令去。於是去者皆悅，願留一戰；征者奮勇，思致死命。相謂曰：「諸葛公之恩，死猶未報也。」臨戰之日，莫不拔劍爭先，以一當十，殺張郃，卻司馬懿，一戰大克，信之由也。

〔譯 文〕

同敵人作戰，當士兵們踏上九死一生之地的時候，就沒有後悔恐懼的心理，這都是靠誠信促使他們這樣做的。將帥堅守信用，並能誠心地對待士兵，士兵就能毫不猶豫地效死力，這樣就能戰無不勝。兵法中說：守信用就不會受欺騙。

三國時代，魏明帝征討蜀國回到長安後，便命令司馬懿、都督張郃等各路人馬會師雍州（今西安市西北）、涼州，共計二十萬人馬秘密到劍閣。蜀國丞相諸葛亮當時在祁山旌旗高立、兵鋒器利，守衛著險要地帶。蜀國軍隊輪換的士兵有八萬人。當時正遇到魏軍開始布陣勢，蜀軍輪換的士兵正在等待交替，秦佐城看見魏軍兵員眾多，勢力盛大，擔憂自己不能取勝，於是建議停止調換，想讓應換下的兵員留守一月再放走，好壯大自己的聲勢。諸葛亮說：「我統帥軍隊是以守信用為根本，為了眼前的勝利而失去信用，是古代人最痛恨的事。要調走的人員很快就會整頓好行裝，等著啟程，因為家中的妻兒如鵠一般伸長脖子站立盼望，掐算著回歸的日期。如今我們雖面臨破陣的困難，而禮義一定不能廢棄。」催著他們趕快離去。這樣要走的人很高興，而且自願留下再參戰一回。出戰的人個個奮勇當先，決心拼一死戰。大家都說：「諸葛公的恩德，就是死也報答不盡。」開戰的那天，人人拔劍爭先，以一當十。結果殺死了張郃，打退了司馬懿，取得了全勝，這都是講信用的原因。

信以任誠 用情無疑

所謂信就是信用、誠信之意。兵法上也說：講信用兵，不可施行欺詐之術。為將之道：智、信、仁、勇、嚴。這個信是從治理方面而言，不是從戰略上來說的。

戰爭是國家的大事，關係著國家的存亡，主宰著軍民生死安危。在戰鬥中，當戰士踏上九死一生的境地時，而沒有後悔恐懼之心，這就是誠信促使他們這樣做的。上級善於使用誠信的手段，充分做到言而有信，以誠心待人，下級就會專心一致、毫不猶豫地拼死效力，如此作戰則無往不勝。

信用是人際交往的根本，無信用則互為戒備、猜疑。從戰爭這個角度來說，誠實守信又是至關緊要的。在戰鬥中，戰士們能捨家棄業，慷慨赴死，就是為了報效國家，而國家應對他們予以精神鼓勵和物資上的豐渥回報。

教戰第十

興兵作戰，
首先訓練部隊

對士卒不加訓練就讓他去參戰，等於把他丟棄給敵人。士卒有了良好的訓練，兵器精銳，於是將軍手持令旗，集合部隊進行誓師，士卒個個氣沖霄漢。此時，就是讓他們赴湯蹈火，也會萬死不辭。

〔原　文〕

凡欲興師，必欲教戰。三軍之士，素習離、合、聚、散之法，備諳坐、作、進、退之令，使之遇敵，視旌麾以應變，所金鼓而進退。如此，則戰無不勝。法曰：以不教民戰，是謂棄之。

戰國時，魏將吳起曰：「夫人常死其所不能敗其所不便。故用兵之法，教戒為先。一人學戰，教成十人；十人學戰，教成百人；百人學戰，教成千人；千人學戰，教成萬人；萬人學戰，教成三軍。以近待遠，以佚待勞，以飽待饑。圓而方之，坐而起之，行而止之，左而右之，前而後之，分而合之，結而解之，每變教習，乃授其兵，是謂將事。」

〔譯　文〕

只要是興兵作戰，首先要訓練部隊，使全體人員練習離、合、聚、散的方法，熟練坐、作、進、退的號令，使軍隊與敵人相遇時，可以根據旗幟的指揮而採取行動，聽到金鼓之聲便知進退，這樣就可以戰無不勝。

兵法上說：用沒有經過訓練的人去打仗，等於是拋棄他們。

戰國時期，魏國將領吳起說：「人們常常是死於他們不能勝任的事，敗於他們不能熟悉的事。因此，用兵的方法，就應該以訓練為首要。如果一人熟悉了戰鬥技術與方法，就可以教會十人；十人熟悉了戰鬥技術與方法，就可以教會百人；百人熟練了戰鬥技術與方法，就可以教會千人；千人熟練了戰鬥技術與方法，就可以教會萬人；萬人熟練了戰鬥技術與方法，就可以教會全軍。用我的近對待敵人的遠，用我的逸對待敵人的勞，用我的飽對待敵人的饑。以圓陣變為方陣，以不動變為行動，以行進變為停止，以左隊變為右隊，以前隊變為後隊，以分散變為集中，以集結變為疏散。這樣，每種戰鬥技術與方法都熟練了，才能授予他們兵器，這就是將領的任務。」

不教民戰 是謂棄之

不訓練、教習士兵怎樣去作戰，這就等於放棄了戰爭。戰爭往往是十年磨一劍，一朝見分曉。養兵千日，用兵一朝。這裡的磨與養都是指教育、訓練部隊，兵不教習則不能作戰。沒有經過訓練的戰士，掌握不住作戰的基本要領與戰術技術；沒有經過訓練的戰士，在實戰中不僅摸頭不知腦，相反，給自己造成阻礙，影響戰術的發揮。以這樣的烏合之眾去作戰，無異於以羊投狼群，注定要失敗。

歷代的軍事將領均極為重視訓練這一環節，而戰士訓練素質的強弱，往往是衡量將帥帶兵才能的尺度。

所以，善於治國帶兵的人，平時一定會抓緊一切可以利用的時間，盡力培養、訓練戰士的作戰技能和應變能力，把戰術觀念貫徹到每個戰士中去。

眾戰第十一

指揮大軍在於進退一致

人活著的意義應當是過程，而不是結論。所以，一個人不應以自己的經驗和觀念去影響別人。何況你不是他，他也不是你。

每一個人的成長過程未必相同，人生的酸甜苦辣都應當自己嘗一嘗。嘗試，這就是人生。

〔原　文〕

凡戰，若我眾敵寡，不可戰於險阻之間，須要平陽寬廣之地；聞鼓則進，聞金則止，無有不勝。法曰：用眾進止。

晉元時，秦苻堅進屯壽陽，列陣臨淝水，與晉將謝玄相拒。玄使謂苻堅曰：「君遠涉吾境，而臨水為陣，是不欲速戰；請君稍卻，令將士得周旋，僕與諸君緩轡而觀之，不亦樂乎？」堅衆皆曰：「宜阻淝水，莫令得上，我衆彼寡，勢必萬全。」堅曰：「但卻，無令得過，而我以鐵騎數萬，向水逼而殺之。」融亦以為然。遂麾兵，使卻，衆因亂而不能止。於是玄與謝琰、桓伊等，以精銳八千渡淝水，右軍拒張耗小退，玄、琰仍進兵，大戰淝水南，堅衆大潰。

〔譯　文〕

只要是進攻戰，如果是敵寡我眾，就不可在險要的地勢上開展戰爭，應該在平坦的開闊地帶進行。聽到鼓聲則前進，聽到鑼聲則收兵，這樣則無可不勝。兵法中說：指揮大軍隊打仗就在於前進與停止。

東晉太元（西元三八三年）年間，前秦王苻堅進兵駐紮在壽陽，於淝水沿岸列陣，同晉國將領謝玄相對峙。謝玄派人與苻堅說：「你長途跋涉來到我國境地，沿水列陣，是不想作速戰的樣子。請你稍微往後退一些，讓我的將士能渡水上岸奉陪，我同各位騎著馬向前進，邊走邊看，不是很快樂的嗎？」

苻堅的各位將領都說：「應該使晉軍攔截在淝水那邊，不能讓他們上岸。我眾敵寡，一定要用萬全的方法為妥。」苻堅說：「只稍作後退，不等他們渡水完畢，我們則以鐵騎萬人，向淝水衝擊而消滅敵人。」

苻堅自以為這樣妥當，於是，指揮軍隊向後撤退，因為隊伍混亂，無法約束他們停止。這時謝玄同謝琰、桓伊等以八千精良軍士渡過淝水，苻堅的右軍抵擋不住，慌忙後撤。謝玄、謝琰揮兵猛進，大戰於淝水南岸，致使苻堅全軍大敗。

我眾敵寡　不戰險阻

冷兵器時代，於人數氣勢佔優越的情況下，最好把戰場選到平原開闊地帶，盡力避免有利於敵人的險阻地帶作戰。

指揮大軍作戰，一定要使部隊協調一致，使他們聽到鼓聲就前進，聽到鑼聲就收兵。訓練有素，有條不紊，這樣就能盡量發揮我眾敵寡的優勢。人多勢眾，士氣高昂，首先在氣勢上壓倒了敵人，再短兵相接作肉搏戰，以十對一，豈不是張飛吃豆芽——小菜一碟，豈有不勝之理？

然而，歷史上眾敗寡勝的實例，比比皆是，屢見不鮮，不是真正有才能的統帥雖兵多將廣，不見得打勝仗。再重要一點就是兵員的軍事素質與政治素質問題，這二點不行，有再好的將領必定也要失敗。

寡戰第十二

敵衆我寡 不可硬戰

和睦，是一個國家安定團結的重要方面。君臣和睦才能對大將信任；將相和睦才能建功立業；將士和睦，論功行賞時才能互相推讓，處在危難之中才能互相救援。一個集團，一個企業的進取精神，競爭力和向心力的統一，是興旺發達的條件；反之，集團分裂，企業失去向心力，就會喪失競爭力。

〔原文〕

凡戰，若以寡敵衆，必以日暮，或伏於深草，或邀於隘路，戰則必勝。法曰：用少者務隘。

《北史》：西魏大統三年，東魏將高歡渡河逼華州，刺史王霸嚴守；乃涉洛，軍於許原西。西魏遣將宇文泰拒之。泰至渭南，即遣人造浮橋於渭南。軍士齎三日糧，輕騎渡渭，輜重自渭南夾渭而西。十月壬辰，至沙苑，距齊六十餘里。高歡率兵來會。候騎告齊兵至，泰召諸將議。李弼曰：「彼衆我寡，不可爭也；宜至陳此東十里，有渭曲可據以待之。」遂迫至渭曲，背水東西為陣。李弼為右拒，趙貴為左拒。命將士皆偃戈於葭蘆之中，聞鼓聲而起。日晡，齊軍至，望見軍少，爭進，卒亂而不成列。兵將交，泰鳴鼓，士卒皆起，于謹等以大軍與之會戰，李弼等率鐵騎橫擊之。絕其軍為二，遂大破之。

〔譯文〕

作戰時，如果以寡擊眾，必須等到天黑之時，或埋伏在深草之中，或在隘路兩側夾擊，這樣作戰就能取勝。兵法上說：運用小股部隊一定要埋伏在狹隘之處。

《北史》中記載：西魏文帝大統三年（西元五三七年），東魏大將高歡渡河緊逼華州（今陝西華縣一帶），刺史王羆嚴密防守。於是高歡渡過洛河，駐紮在許原的西面。西魏派遣大將宇文泰抗敵。宇文泰到達渭南，立即命令人們在渭南架設一座浮橋，部隊僅帶三天的乾糧，輕裝渡過渭河，將輜重留放在渭河南岸，與輕裝騎兵隔河相望而行。十月九日，抵達沙苑（今陝西大荔南及洛、渭之間），與齊兵相距僅六十多里。高歡率軍前來交戰，偵察騎兵報告齊軍已到的消息，宇文泰召集諸將商量謀策。李弼說：「敵眾我寡，不可硬戰，上策是把陣地向東推移十里，在那裡有渭曲作依托，等待敵人的到來。」於是，宇文泰率領部隊到渭曲，從東向西布背水陣，李弼為右將軍，趙貴為左將軍。命令將士都埋伏在蘆葦之中，聽到鼓聲就進攻。待到下午，齊軍來了，見到魏軍稀少，都爭先恐後地向前衝擊，兵士混亂不成序統。兩軍剛要接觸，宇文泰則鳴鼓，將士們從蘆葦中突然奮起，于謹等率領大軍從正面同齊軍迎戰，李弼等人率領鐵騎從兩面夾擊，把齊軍分割成兩段，齊軍終於大告失敗。

以寡擊眾 必待日暮

用兵弱小的一方務必要居守狹窄之要地，在戰鬥中，敵眾我寡，必須在天黑時，或在深草叢中埋伏，或引敵到狹窄處夾擊，如此戰則必勝。

戰鬥中以多勝少不足為奇，以少勝多則難能可貴。冷兵器時代，力量對比為直接因素，勝敗往往歸結於兵員數量的多少。兵力弱小的一方要想獲勝，只有出奇制勝一條路可走。

孫子認為：兵力並不是越多越好，只要能不輕敵冒進，而是集中兵力，判明敵情的虛實，獲取部下的信任，也就足夠了。那種既無深謀遠慮，卻又輕敵妄行之人，必定要當敵人的俘虜。本文中引用的沙苑、渭南之戰中，充分顯示了宇文泰深知寡戰的用兵之道，使東魏軍一步步落於西魏軍所設置的圈套，慘遭失敗。

失敗的原因，一則是驕傲輕敵，二則是自恃人多冒進險地，而犯了兵家的大忌。

愛戰第十三

對待部屬　誠愛之至

如果你真正愛一個人，則你就會愛所有的人，愛全世界，愛生命。

如果你能夠對一個人說「我愛你」，則你必能夠說：「在你之中我愛一切人，通過你，我愛全世界，在你生命中我也愛我自己。」

所以說，愛一個人，不僅是一種強烈的感情，它還是「一項決心，一項判斷，一項允諾」。

〔原　文〕

凡與敵戰，士卒寧進死，而不退生者，皆將恩惠使然也。三軍知在上之人愛我如子之至，則我之愛上也如父之極。故陷危亡之地，而無不願死以報上之德。法曰：「視民如愛子，故可與之俱死。」

戰國魏將吳起為西河守，與士卒最下者同衣食。臥不設席，行不乘騎，親裹贏糧，與士卒分勞苦。卒有病疽者，起為吮之。卒母聞而哭之，或曰：「子，卒也，而將軍自吮其疽，何為哭為？」母曰：「非然也。往年吳公吮其父，其父戰不旋踵，遂死於敵。吳公今之吮其子，妾不知其死所矣，是以哭之。」文侯以吳起用兵廉平，得士卒心，使守西河，與諸侯大戰七十六，全勝六十四。

〔譯　文〕

凡是與敵人作戰的時候，軍士寧可冒死前進，也不願後退求生，都是因為將帥的恩惠而使他們這樣做的。全體士卒都知道將領愛護他們就像愛護自己的孩子一樣，無微不至。那麼士卒愛護將領也就像敬愛自己的父親一樣，誠愛之至。因此，一旦陷入了危急的境地，沒有不以死而報答將領恩德的。

兵法中說：對待戰士如同對待自己的孩子，戰士必然能與自己共生死。

魏國將領吳起，擔任西河太守時，他同最低下的士兵穿同樣的衣服，吃同樣的飯菜；坐睡不鋪席褥，行軍也不騎馬；親自背食物，同戰士共擔勞苦，士兵中有人生了毒瘡，吳起用嘴為他吸膿拔毒，士兵的母親聽說了這件事便哭了。有人問她說：「你的兒子只是個士兵，吳將軍卻親自為他吸膿拔毒，你為什麼要哭呢？」那位士兵的母親說：「不是這樣，從前吳將軍曾經為孩子的父親吸膿毒，他父親在戰鬥中決不後退，最後戰死在疆場。如今他又為我兒子吸膿瘡，將來我也不知道我兒子會戰死在什麼地方，所以才哭泣！」魏文侯因為吳起對待士卒廉潔平和，極得士兵的擁護與愛戴，因此派遣他鎮守西河。吳起同諸侯國進行了七十六次大戰，六十四次獲得全勝。

視民如子　可與之俱死

以愛帶兵是動員大眾發揮最大積極性，為事業成功拼死效力的最佳方法，是奪取勝利和事業成功的基本條件，亦是古今名將治軍成功因素之一。

凝聚眾心，根本問題是要尊重和愛護民眾。君主視臣為草芥，臣則視君為仇寇。中華民族歷來就是一個講情感、恩怨分明的國度。古時候善於帶兵將帥，對士兵懷著深厚的感情，對士兵的愛，可同父子相媲美。

在生死關頭，他們身先士卒，毫不退縮；在功勞面前，主動讓給士兵，不與他們爭功；看到部屬負傷時，像親人一樣照料安慰；部下為國獻身時，能對那些死難者舉哀，並好好安葬；士兵吃不飽，寧可自己少吃，也要給他們；士兵衣服單薄，脫下自己的衣服給他們穿上；對人才很尊重，給予提升；對勇猛之人，及時予以獎勵。

古代的仁人志士，終生追求士為知己者死的人生最高境界；崇尚點滴之恩，定當湧泉相報的處世哲學。生與死為人生最大的抉擇，亦是人性的最後考驗。對於能慷慨赴死、視死如歸者，處於必死之地是一個因素，更重要的是，棄生向死背後那股巨大的情感力量之作用。

北宋時，吳地民俗崇尚靡而好佛。一座寺廟，往往耗費錢財數百萬。尤其到了賽龍舟的時候，士女如雲，耗費更不可計算。

皇祐年間，范仲淹為浙西地方官。正值這一年農業歉收，大鬧饑荒，范仲淹向富戶募捐，儲備糧餉，採取了各種應急的措施。他還大力提倡競渡、事佛。又告諭眾僧說：「今年百姓饑餓，工錢頗賤，可以大興土木。」各處的寺廟修建業空前興旺起來。范仲淹又重新修建公家的倉庫官舍，每天役使傭工達數千人。

監司彈劾范仲淹不體恤荒年艱難，游宴興作，勞民傷財。皇帝下詔怪罪他，范仲淹這才上奏皇帝說：他之所以這樣做，其目的正是為了發拙餘財，使貧困的百姓從中得到好處。讓那些靠賣苦力為生的人都能從公、私兩家獲得溫飽，不致於餓死、凍死而暴死於溝壑。

威戰第十四

外威令人懼　內威令人敬

領袖人物，不莊則不威，不嚴則不威，不重則不威，不學則不威。威有內外之分，均可修養達到。威嚴、威武、威望，三者乃外在之威；神威、德威、天威，三者乃內在之威。外威令人懼，內威令人敬。都要養成一種風姿，一種氣象。

〔原　文〕

凡與敵戰，士卒前進而不敢退後，是畏我而不畏敵也；若敢退而不敢進者，是畏敵而不畏我也。將使士卒赴湯蹈火而不違者，是威嚴使然也。法曰：威克厥愛，允濟。

春秋齊景公時，晉伐阿、鄄，而燕侵河上，齊師敗績。晏嬰乃薦田穰苴曰：「穰苴雖田氏庶孽，然其人文能附衆，武能威敵，願君試之。」景公乃召穰苴，與語兵事，大悅之，以為將軍，將兵扞燕、晉之師。穰苴曰：「臣素卑賤，君擢之閭伍之中，加之大夫之上，士卒未附，百姓不親，人微權輕。願得君之寵臣、國之所尊，以監軍，乃可。」於是景公許之，使莊賈往。穰苴即辭，與莊賈約旦日日中會軍門。穰苴先馳至軍中，立表下漏待賈。

賈素驕貴，以為將己之軍而己為監，不甚急。親戚、左右送之，留飲。日中而賈不至。苴則破表決漏，入，行軍勒兵，申明約束。即定，夕時，賈乃至。

苴曰：「何為後期？」賈對曰：「不佞大夫親戚送之，故留。」苴曰：「將受命之日，則妄其家；臨陣約束，則忘其親；援桴鼓之日，則忘其身。今敵國深侵，邦內騷動。士卒暴露於境，君寢不安席，食不甘味，百姓之命皆垂於君，何謂相送乎？」召軍正問曰：「軍法，期而後至者云何？」對曰：「當斬。」賈懼。使人馳報景公請救。即往，未及反，於是遂斬莊賈以徇三軍，三軍皆振栗。

久之，景公遣使持節救賈，馳入軍中。苴曰：「將在軍，君命有所不受。」問軍正曰：「軍中不馳，今使云何？」對曰：「當斬。」使者大懼。苴曰：「君之使不可殺之。」乃殺其僕、車之左駙、馬之左驂，以徇三軍，遣使者還報。然後行事。

士卒次舍、井灶、飲食、問疾、醫藥，身自拊循之。悉取將軍之資糧以享士卒，平分糧食。比其羸弱者，三日而後勒兵。病者皆求行，爭奮出為之赴戰。晉師聞之，渡河而解。於是苴乃率眾追擊之，遂取所亡邦內故境，率兵而歸。

〔譯　文〕

與敵軍作戰，軍隊前進而不敢後退，不是畏懼敵人而是畏懼自己的將領。如果士兵敢後退不敢前進，則是畏懼敵人而不畏懼自己的將領。將領能使軍隊赴湯蹈火而不敢違抗命令，是威嚴所致。兵法中說：威勝於愛，事業就可以成功。

春秋時期的齊景公，晉國攻伐齊國的阿城與鄄城，燕國也侵佔了齊國黃河南岸的地帶，齊軍大敗。晏嬰則薦舉田穰苴，並說：「穰苴在田姓中雖是旁門庶系，但他的文才能使眾人信仰歸附，武功能使敵人威服，望君王能試用他。」齊景公便召見穰苴，與他談論起戰事，極為高興。於是，委任穰苴為將軍，率兵抵抗燕國與晉國軍隊。穰苴說：「我從來地位卑下，您把我從普通人中提拔出來，升上大夫的地位，官兵還沒有歸附，百姓對我也不能夠信任，人微權輕，希望得到一名您所喜愛的、國家所尊重的大臣作監軍。這樣才合適。」於是景公便答應了穰苴的要求，委派莊賈為監軍。穰苴辭行齊景公以後，便與莊賈約定明天正午在營門會合。穰苴早先就到了軍中，立標杆以觀測時刻等待莊賈。

莊賈歷來高傲顯貴，認為率領的是自己的軍隊，現在又是監軍，所以從不考慮軍法。親朋好友同來歡送他，大開酒席，到了正午，莊賈還沒有到。穰苴便推倒標杆，記下時刻，回到營內辦理軍務，指揮部隊，宣布規章制度。軍隊安排就緒，莊賈才到。

穰苴問說：「為什麼不能按時到達？」莊賈回答說：「官員與親朋好友為我送行，所以留住了。」穰苴說：「作為將領來說，從接受命令的那天開始，就要忘記自己的家庭；臨敵對陣受到規章條例的約束，就要忘記自己的父母；面對戰鼓擂動的作戰時刻，就要忘記自身。現在敵人已經深入我國境內，國內動蕩不安，官軍在邊疆餐風飲露，國君坐臥不安寧，吃喝不香甜，人民的生命，都掌握在你的手上，還送什麼行呢？」穰苴召來軍事法官問道：「依照軍法，對待約定時刻不到達的人制裁是什麼？」回答說：「應該殺頭。」莊賈大驚，趕快派人飛馬報告景公乞求解救。去報告的人還沒有回來，田穰苴已把莊賈斬首了，並且明示三軍，全體將士都受驚而震動。

過了不久，景公派來了拿著符節解救莊賈的特使，騎馬飛馳而入軍營。田穰苴說：「將領在軍隊中，對於君主的命令，有時是不能接受的。」又問軍事法官說：「軍營內是不允許騎馬奔跑的，現在特使應判什麼罪？」回答說：「應該斬首。」特使驚慌極了。穰苴說：「君主的特使，不能斬首。」便斬殺了特使的僕從，砍斷了車子左邊的轅，宰了左邊駕車的馬匹，並且明示三軍。告訴使者回去報告景公，並繼續辦理軍務。

穰苴命令部隊安營紮案，挖井做灶，對軍隊的飲食、疾病等情況，都要親自檢查、慰問，又把自己應得的錢糧，全都拿出來與戰士共同享受。並淘汰了一些體質衰弱的士兵。三天以後才整隊出發。這時連病員都要求同行，爭先恐後要求參加作戰。晉軍得到這個消息，不待交戰，連忙渡河撤退。穰苴便領兵追擊，收復了失地，勝利回師。

不敢退後　畏我不畏敵

將領威嚴，軍紀嚴明就能夠消除違抗軍令的現象，愛撫部屬就會達到上下齊心一致，同舟共濟，萬事可成的效果。

聰明傑出的將領，既是愛兵如子，又能以威服人。軍隊要有士兵才能戰勝敵人，恩威並施，寬猛相濟的用兵之道尤為緊要。軍人以服從命令為天職，軍令如山，這是治軍的起碼規範常識。若是將帥懦弱，缺乏威嚴與慈愛，必然會使軍隊紀律渙散，戰鬥力低下，作戰就難以取勝。

行軍作戰是一門紀律性、組織性、協調性十分嚴謹的藝術，不能有半點疏漏與馬虎。作戰命令發出了，全軍的行動猶如一人，步調一致才能得勝利。不然視愛兵為驕兵，驕縱過度就會反客為主，不聽指揮，各行其事，傑出的將帥在軍中的威信要用威嚴來樹立。

賞戰第十五

重賞之下，必有勇夫

作為領導的最大禍患，莫過於獎勵那些沒有功勞的人，赦免那些有罪過的人。更可怕的是對於有功的人不予獎勵，反而懲罰沒有罪過的人。領導者應根據功勞或罪過，以是非標準來進行賞罰，而不以個人的好惡情感，他人的毀譽來賞罰。

〔原文〕

凡高城深地，矢石繁下，士卒爭先登；白刃始合，士卒爭先赴者，必誘之以重賞，則敵無不克焉。法曰：重賞之下，必有勇夫。

漢末大將曹操，每攻城破邑，得靡麗之物，則悉以賞有功者。若勛勞宜賞，不吝千金。無功妄施，分毫不與。故能每戰必勝。

〔譯 文〕

城牆高、護城河水深，城牆上箭石密集而下，戰士卻爭先登城，白刃相接，奮勇向前，必定有引誘他們的重賞，這樣，什麼樣的敵人都能打敗。

兵法上說：重賞之下，必有勇夫。

漢末時期，大將軍曹操，每當攻克敵人城鎮，得到華麗、珍貴的物件，全都獎賞給有功勞的人。將士之中如果立有特殊功勞應該獎賞的，他從不吝惜千金。沒有立功的人員想得到他的獎賞，他卻分毫不給。因此，他指揮作戰，每戰必勝。

誘之重賞，敵無不克

賞賜是為了鼓勵人們立功，知道怎樣行賞，部下就會知道怎樣去拼命效力。所以說重賞之下，必有勇夫。

古時候傑出的將領，都知道用賞的方式廣泛收集人才，用賞激發軍心，鼓舞士氣。戰士攻城略地，要用生命的代價換取，所以，物質獎勵尤為重要。

孫子在《作戰篇》中說：「要使部隊勇敢殺敵，就要激勵部隊的士氣；要使軍隊奪取敵人的物質，就要用財物作獎勵。在車戰中，凡是繳獲十輛戰車以上部隊，就要首先獎勵奪取戰車的人。」

三國時期的曹操，在歷史上也是一位很有名的軍事家，曹操精通兵法。三國之中，唯有魏國兵力最強盛。當時曹操手下謀士千人，戰將如雲，一方面是他能量才錄用，另一方面也是賞罰分明的結果。

罰戰第十六

施以重刑處罰
隊伍就不紊亂

興利廢弊，懲治玩忽職守的人，要用嚴厲的刑律，懲治邪惡，整頓混亂，也要用嚴厲的刑律；調動民眾去摧毀強大的勢力，同樣要用嚴厲的刑律。罰宜於從重。

因而韓非子說：「嚴刑是民眾所畏懼的，重罰是民眾所厭惡的。所以聖人陳其所畏以禁其邪，設其所惡以杜其奸，因而國家安定，暴亂不起。」

〔原文〕

凡戰，使士卒遇敵敢進而不敢退，退一步者，必懲之以重刑，故可以取勝也。法曰：罰不遷列。

隋，大將楊素御戎嚴整，有犯軍令者立斬之，無所寬貸。每將對敵，輒求人過失而斬之，多者百餘人，少者不下十數人，流血盈前，言笑自若。及其對陣，先令三百赴敵，陷陣則已；如不能陷陣而還者，無問多少悉斬之。又令二三百人復進，還如向者。將士股栗，有必死之心，由是戰無不勝。

〔譯　文〕

只要是打仗，在官兵與敵人相遭遇時，只敢進擊而不敢後退，若是有人後退一步，必須施以重刑處罰，所以能夠奪取勝利。

兵法上說：施以重刑處罰，隊伍就不紊亂。

隋代時期，大將軍楊素領導的軍隊嚴謹整齊，有違犯軍令的人馬上斬去，沒有半點寬容。每回打仗以前，總是把犯了軍令的人斬首示眾，多則百人，少也有十多人。面前鮮血淋淋，楊素卻談笑自如。在與敵人對陣時，楊素便先下令三百人首先向敵人發動攻擊，能攻破敵陣則可，如不能攻破敵陣而活著回來的，不論多少人全都斬殺。再命令二、三百人向敵人攻擊，還是像前次一樣處理。將領與戰士嚇得渾身發抖，於是都懷著必死的決心去戰鬥。所以，楊素可以戰無不勝。

施用刑罰　隊伍不亂

諸葛亮《答法正書》說：「如今，我賞罰分明，法令一行，他們就會知道好歹，不濫封官進爵，官位升高了，他們就會感到來之不易而珍惜它。這樣，賞罰並用，相輔相成，天下就有了秩序。」

戰鬥中必須是賞罰嚴明，賞不惜千金，罰就使隊伍不亂套。如此，軍隊才能戰無不勝，攻無不克。但是，賞罰必須有度，孫子認為：連續不斷地獎賞部隊，說明已到了窮途末路、無計可施的地步；反覆地處罰部下，說明已陷入困境之中。

這就說明賞罰不可濫。

懲罰在戰場上使用，若有少數人違反軍令，貽誤戰機，可以採用殺一儆百的方法，若有多數人違抗軍令，部隊混亂，這就是主將的責任，必須因時利導，立即調整戰略戰術，切不可濫殺無辜。

主戰第十七

有利就戰　不利就退

當我們需要勇氣的時候，先要戰勝自己的執迷。
當我們需要勤奮的時候，先要戰勝自己的懶惰。
當我們需要寬容的時候，先要戰勝自己的淺狹。

戰勝自己不是容易的事。想想看，你戰勝自己的次數多嗎？還是時常姑息縱容了自己？

〔原　文〕

凡戰，若彼為客，我為主，不可輕戰。若吾兵安，士卒顧家，當集人聚谷，保城備險，絕其糧道。彼挑戰不得，轉輸不至，俟其困敝而擊之，則無不勝矣。

法曰：自戰其地為散地。

《北史》：後魏之武帝，親征後燕慕容德於鄴城，前軍大敗績。德又欲攻之。別駕韓諱進曰：「古人先決勝廟堂，然後攻戰。今魏不宜擊者四，燕不宜動者三。」德曰：「何故？」諱曰：「魏垂軍遠入，利在野戰，一不可擊也；深入近畿，致其死地，二不可擊也；前鋒即敗，後陣必固，三不可擊也；彼衆我寡，四不可擊也。官軍自戰其地，一不宜動；動而不勝，衆心難固，二不宜動；城隍未修，敵來未備，三不宜動。此皆兵家所忌。不如深溝高壘，以佚待勞。彼千里饋糧，野無所驚。久則三軍靡費，攻則士卒多斃。師老釁生，起而圖之，可以捷也。」德曰：「別駕之言，眞良、平策也。」

〔譯　文〕

同敵人作戰時，如果敵方為客方，我方為主方，千萬不能輕戰。如果自己的軍隊平安據守，官兵思念家鄉，就要集中部隊屯積糧食，設立險要的城池，切斷敵人的糧食來源。敵人尋機決戰不成，輾轉運輸又不能達到，使敵人陷入困境與疲憊之時再攻打他，沒有不奪取勝利的。

兵法上說：在自己的國土上作戰的地區稱散地。

據《北史》載：後魏武帝拓跋珪率領大軍到鄴城征伐後燕慕容德，後魏軍的先頭部隊被打敗。慕容德想乘勝追擊，別駕韓諱說：「古代出兵首先要在朝中商議決策，具有必勝的把握才出兵攻擊。如今不能攻擊魏軍的原因有四點，燕國不宜出兵的原因也有三點。」

慕容德問道：「原因是什麼呢？」

韓諱說：「魏軍從遠地征伐我國，野戰對他們來說是有利的，這是不宜攻擊的第一個因素；魏軍深入我國京都附近，這就是將他們的軍隊置於死地，這是不宜攻擊的第二個因素；敵人的先頭部隊已潰陣，後面的大部隊必然會加固，這是不宜攻擊的第三個因素；敵眾我寡，這是不宜攻擊的第四個因素。而我們的軍隊在本國土地上作戰，這是不宜出動的第一個原因。如果出戰不能取勝，將士的心就難以穩固，這是不宜出動的第二個原因。城池還沒有挖溝築壘，敵軍就來到了，還沒有做好防禦準備，這是不宜出動的第三個原因。這三個原因都犯了兵家的忌諱。還不如深挖戰壕，高壘城牆，以逸待勞。敵人從千里之外運送糧草，野外又沒有東西可掠奪，時間長了，三軍的耗費極多，進攻的軍隊傷亡就會過半。部隊疲憊就能有機可乘，等到這時乘機而戰，必然可取勝。」

慕容德說：「別駕之言很正確，真是好計謀。」

若我為主　不可輕戰

所謂主戰，就是說敵方是進攻，我軍處於防守，在我國領土內作戰，兵法上把這樣的戰區稱為「散地」。

在本國領土內同敵人作戰，不能自恃輕敵，不可盲目出擊，不然戰之不勝，遇到危急情況，戰士就會四處散逃，在這樣的「散地」上作戰，必須使全軍的意志統一，齊心協力。要使遠道而來的敵軍前後不能呼應，主力與後勤部隊，不能相互聯繫，官兵不能相互救援，士兵離散不能集中，戰鬥中，陣形散亂不整。

從我方來說，有利就打，不利就退。

書中燕國將領韓諿正確分析了雙方作戰的有利條件與不利條件，切中要害之處，預見了戰爭的發展局勢。最可取的是，燕軍首戰取勝，並沒有被勝利沖昏頭腦，而提出了堅守不動的作戰方針，符合戰法中以不變應萬變的原則。

客戰第十八

越是深入敵境，軍心就越堅定

仔細審視自己，發現世間有些事根本不值得計較，無須分你的我的，而且有些得失也不是絕對的。

當你得到了金錢，也許失去了榮譽；當你爭來了地位，也許失去了朋友；相反，當你失去了金錢，也許得到了快樂；當你失去了地位，也許得到了知己。

所以，凡不如意事能反過來想想，就可以心平氣和而覺得快樂。

〔原　文〕

凡戰，若彼為主，我為客，唯務深入。深入，則為主者不能勝也。謂客在重地，主在散地故耳。法曰：深入則專。

漢韓信、張耳以兵數萬，欲東下井陘擊趙。趙王及成安君陳余聚兵井徑口，衆號二十萬。

廣武君李左車說成安君曰：「聞漢韓信涉西河，虜魏豹，擒夏悅，新喋血閼與。今乃輔以張耳，議欲以下趙，此乘勝而去國遠鬥，其鋒不可當。臣聞千里饋糧，士有饑色，樵蘇后爨，師不宿飽。今井陘之道，車不得方軌，騎不得成列，其勢糧食必在其後。願足下假臣奇兵三萬人，從間道絕其輜重；足下深溝高壘勿與戰。彼前不能進，退不能還，野無所掠，不十日，兩將之頭可懸麾下。願君留意，否則，必為所擒。」成安君自以為義兵，不聽，果被殺。

〔譯　文〕

凡是作戰，如果敵方在本國土地上作戰，我軍是入敵境作戰，必須深入敵軍腹地。能夠深入敵軍腹地，敵方就不能取勝。這是因我軍在重地，敵方在散地的原因。兵法上說：越是深入敵境，軍心就越堅強，力量就越集中。

西漢初期，韓信、張耳帶領幾萬人馬，準備東下井陘（今河北井陘西北）攻擊趙國，趙王歇及他的輔臣成安君陳余，調集軍隊防守井陘口，守軍號稱二十萬。廣武君李左車對成安君陳余說：「聽說韓信渡過了西河，俘虜了魏王豹，擒獲了夏悅，鮮血灑遍了閼與（今山西和順），如今又有張耳輔佐他，策劃著攻擊趙國。他們是乘勝離開自己的國家往遠處作戰，鋒芒銳不可擋。我聽說過從千里以外運送糧食給軍隊，士兵就會現出饑餓之色，現在砍柴做飯，軍隊就睡不好、吃不飽。現在井陘一帶的道路，戰車不能並行，戰馬不能成列，大概他們的糧草必定在後面。望您能批准我帶著三萬精銳人馬，抄小路切斷敵方的軍資糧草，同時也希望您命令部隊深挖壕溝、修築工事，不與敵人交戰。這樣就使敵人前進不能，後退不得，在荒野之地又無食物可掠奪。不超出十天，韓信、張耳兩位將領的首級就會懸掛在您的大旗之下。但願您能考慮考慮我這個計謀，不然，肯定會被他們擒獲。」陳余自以為他的軍隊是仁義之師，不採納李左車的建議，結果被韓信殺掉。

若彼為主 深入則專

我方進攻，敵人防禦，我軍長驅直入敵國腹地作戰，就稱為客戰。

深入敵國境地作戰，不僅要進行周密細緻的謀算，有強壯勇猛的戰士，有高昂的士氣，有充足的後勤準備，最重要的要有一往無前，不達目的誓不休，壯士一去不回返的意志與信念。如此深入敵境，軍心則愈穩固專一，進入得淺，軍心則易渙散。

離開本土到敵國內作戰叫做「絕地」，進入敵國縱深地區作戰叫做「重地」，進入敵國淺近地區叫「輕地」。在「散地」就要統一全軍意志而堅守，在「輕地」就要將部隊陣營緊相連接，在「重地」要保證糧餉供應。

在敵國境內作戰，要注意部隊的整休，千萬不能使部隊過於疲憊，保持旺盛的鬥志，積蓄充沛的力量，巧施計謀，使敵軍無法測度出我軍的意圖。

強戰第十九

能取勝卻佯裝不能取勝

每個人有不同的生命軌跡，對於凡夫俗子來說，命運不可改變；而強者的回答是：命由己作，相由心轉。人，可以造命；精神，可以轉化為巨大的物質力量，把自己從悲慘的境勢中解救出來。人，貴在有夢，有幻想，有希望。這是一個人生命力強的表現。

〔原　文〕

凡與敵戰，若我衆強，可偽示怯弱，以誘之，敵必輕來，與我戰；吾以銳卒擊之，其軍必敗。法曰：能而示之不能。

戰國，趙將李牧，常居雁門，備匈奴。以便宜置吏，市租皆輸入幕府，為士卒費，日擊數牛享士。習騎謝，謹烽火，多間諜。後與將士約曰：「匈奴入盜，急入收保，有敢捕虜者，斬。」匈奴每入盜，輒入收保，不與戰。如是數歲，無所忘失。然匈奴以李牧為怯，雖趙邊兵亦以為吾將怯。趙王謂李牧，李牧如故。趙王召之，使人代牧將。歲餘，匈奴來，每出戰，數不利，失亡多，邊不得田畜。於是復請牧，牧稱疾，杜門不出。

趙王乃復強起，使將兵。牧曰：「若用臣，臣如前乃敢奉命。」王許之，李牧遂往，至如故約。匈奴來無所得，終以為怯。邊士日得賞賜，不用，皆願一戰。於是乃具選車，得一千三百乘；選騎得一萬三千匹；百金之士五萬人，控弦者十萬人，悉勒兵習戰。大縱畜牧，人民滿野。匈奴來，佯敗不勝，以數千人委之。

單于聞之，大率衆來入。李牧多為奇陣，張左右翼以擊之，大破之。殺匈奴十餘萬騎，單于奔走，其後十餘歲，匈奴不敢犯趙邊。

〔譯　文〕

與敵人作戰時，如果我方的兵員多，戰鬥力強，可以假裝顯示出怯懦的樣子，引誘敵人與我軍作戰。我方用精銳兵力攻擊敵方，敵方必然會失敗。兵法中說：能夠取勝卻故意顯示不能取勝的樣子。

戰國時期，趙國大將李牧，常年把守著雁門關（今山西右玉南面），防備著匈奴的入侵。

他設置的官員以方便可行為原則，把收取的租賦全都送進幕府，作為軍隊的開支。每天要殺幾頭牛以慰勞將士。訓練騎馬射箭，各處都設立烽火臺，並派出大批間諜。然後又與將士約定說：「如果匈奴來侵犯，馬上收兵回城防禦，哪個私自捕捉敵人，立即處斬問罪。」匈奴每入侵，他就馬上收兵回城防守，不同敵人交戰。這樣幾年，沒有什麼遺失。而匈奴則以為李牧是膽怯了，就是趙國戍守邊關的戰士也以為李牧是膽怯。趙王將這些情況告訴了李牧，他卻依舊如故。趙王便把李牧召回來，派人接替了李牧。一年以後，匈奴每次入侵時，趙軍都出兵接戰，敗多勝少，傷亡慘重，邊關的百姓不能種田放牧。於是再次任命李牧為關邊將領，李牧聲稱有病在身，閉門不出。

趙王便再一次強求李牧出任。李牧說：「如果非得任用我不可，必須同意我用從前的方法，我才敢接受。」趙王同意了，於是李牧再次前往邊關。到達邊關之後，仍然按照從前的方法做。匈奴每次進犯還是一無所獲，同時還以為趙兵膽怯。邊關的官兵每次得到賞賜，卻不肯享用，寧可出戰殺敵。李牧便廣選戰車，得到一千三百輛，挑戰馬一萬三千匹，選出精壯士兵五萬人，弓箭手十萬人。指揮他們訓練進攻戰，又大量放牧牲畜，百姓滿山遍野。匈奴來侵犯，佯裝失敗，幾千人被他們俘虜過去。

匈奴單于聽說後，親自統帥大軍進犯，李牧大擺奇陣，用左右兩翼夾擊，使得匈奴大敗，並殺去匈奴十多萬騎兵，單于也逃走了。以後十多年內，匈奴再也不敢騷擾趙國的邊境。

若我眾強　僞示怯弱

兵不厭詐，用兵之道，乃是一種詭詐的行為。能打裝作不能打，要打裝作不打，要向遠處而裝作向近處，要向近處而裝作向遠處。敵人貪利，就以利引誘它；敵人混亂，就攻取它；敵人力量充實，就防備它；敵人兵力強大，就要避開它；敵人謹慎辭卑，就驕縱它；敵人休整得好，就勞累它；敵人團結，就離間它。

總之，在敵人毫不防範之處發動進攻，在敵人意想不到時採取行動。

所以，兵家往往將詭詐之道作為克敵制勝的重要謀略，強調作戰在於靈活機動、變幻莫測、隱真顯假。這一原則仍被當代戰爭所採用。現代市場競爭決定企業的興衰存亡，競爭對手之間為了求自我生存與發展，不得不採用軍事方面的謀略與手段。

在西方世界，因根本對立的經濟利益矛盾，企業之間你死我活的競爭異常殘酷。不僅是爾虞我詐，損人利己，投機取巧，甚至施以暴力，不擇手段，以達到整垮、吞併競爭對手為目的。有的還運用一切可利用的現代化技術。

弱戰第二十

敵強我弱，示強是惑之

雄鷹將要襲擊它的目標時，必然先採取斂翅低飛的姿勢；猛虎將要撲向目標時，總要先擺出貼耳伏地的架式。

明智的將軍在要行動前，常常裝出懵懵懂懂的樣子。因此，將要攻擊敵人先不張揚自己的長處，打算與敵拼搏如首先示弱，就能更好地施展自己的戰鬥威力。

〔原　文〕

凡戰，若敵衆我寡，敵強我弱，須多設旌旗，倍增火灶，示強於敵，使彼莫能測我衆寡、強弱之勢，則敵必不輕與我戰，我可速去，則全軍遠害。法曰：強弱，形也。

後漢，羌戎反，寇武都，鄧太后以虞詡有將帥之略，遷武都太守。羌乃率衆數千，遮詡於陳倉、崤谷，詡即停車不進，而宣言上書請兵，須到當發。羌聞之，乃分抄旁縣。詡因其兵散，日夜倍道兼行，日行百餘里。令吏士各作兩灶，日增倍之，羌不敢逼。或曰：「孫臏減灶而君增之」；兵法曰：日行不過三十里，而今日且行百里，何也？詡曰：「敵人衆多，吾今兵少，吾之增灶，使敵必謂郡兵來迎；衆多行速，必憚追我。孫臏現弱，吾今示強，勢有不同故也。」

〔譯文〕

同敵人打仗，如果敵眾我寡，敵強我弱，就必須多設置旗幟，加倍增設鍋灶，向敵人顯示出我軍強大，使敵人無法摸清我軍的多少、強弱等情況，這樣敵人必然不敢輕易同我軍接仗。而我軍應該速速撤離，這樣就能保全我軍的實力，遠離危險之地。兵法中說：強大、弱小，是由於實力的大小、對比而顯示出的。

東漢時期，羌戎反叛，侵犯武都。鄧太后認為虞詡有將帥的才略，調升他做武都太守。羌人便帶領幾千人，在陳倉（今陝西寶雞市東）攔截虞詡在崤山峽谷之內，虞詡立刻停止前進，並散布消息說，已經上書朝廷求救援兵，待援兵到達才出發。羌人得知這個消息，便分散到附近各地去搶劫，虞詡趁敵人分散之機，不分晝夜加緊趕路，每天行軍一百多里，又命令軍隊每人造兩個灶，每過一天便增加一倍。羌人看到這麼多灶，便不敢逼近虞詡的部隊。有人問說：

「孫臏曾經採取減灶的方法欺騙魏軍，而你卻逐天增灶；兵法中說每天行軍不能超過三十里，如今你的部隊每天行軍一百多里，這是什麼原因呢？」虞詡回答說：「敵方兵員眾多，我方兵員少。敵方見我軍鍋灶逐漸增多，肯定認為是武都郡的軍隊趕來增援我們。我方兵員增多行軍速度又快，敵方必然不敢追擊我軍。孫臏是有意向敵方顯示自己的力量薄弱，如今我是有意向敵人顯示自己的力量強大，這都是由於作戰勢態不同的原因才這樣做的。」

敵強我弱　示強於敵

不熟悉因勢利導的原則，不通曉靈活多變、舉一反三的戰術，惟知強兵示弱的教條，而不知弱兵示強的妙用，這支軍隊在戰鬥中招致失敗乃是情理之中的事。

以弱示強，以強示弱，這是一個事物的兩個方面。合乎兵法中「實則虛之，虛則實之」的辯證規律。後代的傑出軍事家，在深刻領悟與掌握了孫子兵法的要詣之後，能活學活用，結合具體實際得到高度的發揮，從而勝券在握。

後漢時期的虞詡，能以弱勝強，首先是在謀略上他高於羌軍統帥。當羌軍以優勢阻攔虞詡部隊時，虞詡則正確地分析敵我的優、劣之勢，緊緊抓住羌軍心理上的弱點，利用謠言惑眾、懈怠敵軍的方針，使敵人放鬆戒備，分散兵力、精力。於是緊緊抓住對方猶豫不決的心理，示強於敵，使敵人分不開虛實，虞詡便打敗了羌軍。

驕戰第二十一

驕傲的軍隊注定要失敗

一個人才德過人，卻不因此驕人。不與人爭高下，就像一個人力大如牛而不與牛鬥力，行走快似馬而不與馬比速度那樣，雖聰明過人，卻不與人比聰明。不傲視天下，不要欺騙自己，說你自己不稀罕成功。因爲人的天性如此，成功使你快樂，驕傲使你沮喪。驕傲的人難以保持成功，而成功並不是一種虛榮，它是對自我價值的肯定，由社會給你客觀的證明。

〔原　文〕

凡敵人強盛，未能必取，須當卑辭厚禮，以傲其志。候其有釁隙可乘，一舉可破，法曰：卑而驕之。

蜀將關羽北伐，擒魏將于禁，圍曹仁於樊。吳將呂蒙在陸口稱疾詣建業，陸遜往見之。謂曰：「關羽接境，如其遠下，後不堪憂也。」蒙曰：「誠如子言，然我病篤。」遜曰：「羽矜其功，驕氣凌鑠於人。禁等為水所沒，非戰守之所失，於國家大計未有所損。又相聞病，必益無備。今出其不意，自可擒制。若見至尊，宜好為計。」蒙曰：「羽素勇猛，即難與敵；且已據荊州，恩信大布；兼始有功，膽氣益壯，未易圖也。」

蒙至都，權問：「卿病，誰可代者？」蒙對曰：「陸遜慮深思長，才堪負重。觀其規慮，終可大任，而未有遠名，非羽所忌，無復是過，若用之，當令外自韜隱，內察形便，然後可克。」權乃召遜，拜偏將軍，都督代蒙。

遜至陸口，書與羽曰：「前承觀釁而動，以津行師，小舉大克，亦何巍巍！敵國敗績，利在同盟；想遂席卷，共獎王綱。遜不敏，受任來西，延慕光塵，思稟良規。」又曰：「于禁等見獲，遐邇欣歡，以為將軍之功。足以長世。雖疇昔晉文城濮之師，淮陰拔趙之略，蔑以尚之。聞徐晃等步騎駐旌，望麾窺葆；操，猾賊也，忿不思難，潛增眾以逞其心。雖云師老，猶有悍騎。且戰捷之後，常苦輕敵。古將軍勝彌警，願將軍廣為方計，以全獨克。遜書生疏漏，忝所不堪。嘉鄰威德，樂自傾蓋。雖未合策，猶可懷也。」

羽覽書有謙下自托之意，遂大安，無復所嫌。遜具啟狀，陳其可擒之要。權乃潛軍而上，使遜與呂蒙為前部。至，即克公安、南郡。

〔譯　文〕

在敵人的力量強盛，我方沒有必勝把握的時候，就宜當採用謙恭的言辭與豐厚的禮物，致使敵人驕傲與鬆懈。等到敵人內部有隙可乘的時候，便一舉而消滅敵人。兵法上說：對待辭卑慎行的敵人要設法使他們驕橫。

三國時期，蜀國名將關羽北伐，活捉了魏國將領于禁，並把曹仁圍困在樊城。吳國將領呂蒙在陸口（今陸水、長江匯合之處）稱病並報告建業（今南京）。陸遜前來陸口探望呂蒙，並對他說：「關羽的部隊已經接近我國境地，若是長驅直入，後果將不堪設想。」呂蒙說：「形勢正如同你分析的那樣，可是我現在正生病啊！」陸遜說：「關羽自夸功大，盛氣凌人。于禁等人是被水淹沒的，不是交戰的失敗，而對於魏國來說，也沒有多大的損失。又聽說你在生病，關羽必然不加防備。現在如果出其不意，一定能擒獲制服他。如果見了陛下，應該好好商量一個良策。」呂蒙說：「關羽素來勇猛，難有人與他匹敵；而且他已經據有荊州，名聲、信義遠近馳名；再因為剛立新功，勇氣越發旺盛，確實難以對付。」

呂蒙回到吳國京城，孫權問他：「你養病時哪個可以代替你呢？」呂蒙說：「陸遜善於深謀遠慮，才能足以完成大任。從他的規劃與謀略來看，是一個完全能擔當重任的人。並且他沒有大名聲，不是關羽所妒忌的人。若是啟用他，就讓他對外隱藏起才能，對內觀審勢態，然後才能出擊。」孫權便召見陸遜，拜陸遜為偏將軍，代替呂蒙為都督。

陸遜到陸口之後，便寫信給關羽說：「從前您乘機採取軍事行動，以恩澤用兵，以小小行動而取得大的勝利，非常偉大！敵人被打敗了，我們的同盟也得到利益，我也想乘著您的席卷之勢的勝利彩頭，共圖王霸事業。我陸遜為人愚笨，自從接受任命到此地，極為欽慕您的威望，經常想稟承您的良好規範。」接著又說：「于禁等輩被您俘虜，遠近都歡欣得很，一致認為您的功績足以傳之後代。就是從前城濮邊上晉文公的軍隊，淮陰破趙時韓信的謀略，也被輕視而不被崇尚了。還聽說徐晃等人的步兵、騎兵大張旌旗，虎視眈眈；曹操又是非常狡猾的敵人，發怒時往往不顧慮困難，隨心所欲增加部隊。雖說曹操疲憊，仍然不缺乏精銳、驃悍的騎兵。而在取勝之後，往往又輕敵失事。古代的將軍作戰取勝之後更加警惕。希望您更加周密地考慮方法與謀略，以便取得全部勝利。我是一介書生，才疏學淺，自愧於所擔重任。為了嘉獎鄰國的威德，樂於盡我自己的全部力量。所說的雖不一定合乎您的心意，但是可以表明我的心懷。」

關羽看信之後，大有輕蔑陸遜的心意及自我得意的神態，從此後，便放下心來，再也不顧慮吳軍了。陸遜把這些情形詳細寫明上報，並說明關羽可以擒捉的要害問題。孫權便暗地派軍隊沿江而上，命令陸遜和呂蒙為先頭部隊。陸遜與呂蒙一到，就攻下了公安和南郡。

敵人強盛　卑而驕之

驕傲必定會狂妄自大，狂妄自大必然會疏於防範，疏於防範必然漏洞百出，漏洞百出必然給予敵軍有可乘之機，這就是驕兵必敗的原理。

孔子說：「如果有人具備了周公那樣的德才，但同時又帶著滿身驕吝，這樣人的德才，也是不值得稱道的。」

身為將帥驕狂起來，就會被勝利沖昏頭腦；就會剛愎自用，聽不進意見。關羽勇蓋三軍，一生經歷無數戰鬥，最後落個敗走麥城的悲慘下場，就是驕傲的結果。

關羽的悲慘結局與陸遜的脫穎而出，軍事傑才成為一個鮮明的對照。陸遜就是運用了《孫子兵法》中的「卑而驕之」策略，從而贏得荊州戰役的勝利。

交戰第二十二

對待鄰國就要交結聯盟

有些人艱難地走著往下走去的路，並不是因爲前景燦爛，而只是爲了對得起過去走過的路。

真正的人，是在權力、地位、名譽、金錢、財產等堆砌的基座塌倒之後，他仍在站著，只有朋友不肯離去。

擁有真正的朋友，一輩子也不會孤單。

〔原　文〕

凡與敵戰，傍與鄰國，當卹詞厚賂以結之，引為己援。若我攻敵人之前，彼倚其後，則敵人必敗。法曰：衢地則合交。

釜三國，蜀將關羽圍魏曹仁於樊。魏遣左將軍于禁等救之。會漢水暴起，羽以舟兵虜禁等步騎三萬，送江陵。是時，漢帝都許昌，曹操以為近敵，欲徙河北以避其鋒。司馬懿諫曰：「禁等為水所沒，非戰守之所失，於國家大計未有所損，而便遷都，即示敵以弱，又淮沔之人俱不安矣。孫權、劉備，外親而內疏。羽今得意，權必不願也。可諭權令犄其後，則樊圍自解。」

操從之，遣使結權。遂遣呂蒙西襲公安、南郡，拔之。羽果棄樊而去。

〔譯　文〕

凡是同敵人作戰，對待相近的鄰國，應該用謙下的言辭和厚禮來結盟友好，使他們成為自己的援助力量。如果我軍正面攻擊敵人，鄰國又能從後方夾擊，敵人必然失敗。兵法中說：對於鄰國就要交結聯盟。

三國時期，蜀國名將關羽把魏將曹仁包圍在樊城，魏國命令左將軍于禁等人前來救援，正遇上漢水猛漲，關羽利用水軍俘獲了于禁和步兵三萬多人，並把他們解送到江陵。當時，東漢獻帝的都城建在許昌，曹操認為距離敵人太近了，準備遷都到河北以避鋒芒。司馬懿勸阻說：「于禁等人是被大水所淹，並不是防守進攻不當，對國家的根本利益沒有什麼損害。如果現在遷都，則是向敵人示弱，淮、沔流域的老百姓也不會安心。孫權與劉備外表很親密，內心卻很疏遠，現在關羽自鳴得意，孫權心裡肯定不高興。可以告訴孫權，讓他從背後行動，這樣，樊城之圍便可自解。」

曹操採納了司馬懿的建議，派遣特使聯絡孫權。關羽果然放棄了樊城而去。

傍與鄰國　引為己援

在戰爭中，宜與鄰近國家交結，把他們當做自己的盟友，使他們成為可靠的後盾，成為同盟者，這樣的鄰國越多越好，這樣的「遠攻近交」戰略亦是十分必要的。對鄰國厚禮有加，相互尊重、相互支援，共防不測，則可共同發展，保護國家的繁榮。

無論是戰爭時代的外交，還是和平時代的外交，都是為了爭取同盟力量，同盟中有堅定的與不堅定的兩者。堅定的容易結交，不堅定的可以作中間力量，即使不能為我所用，也不能讓他成為敵對力量。中間力量亦是舉足輕重，不可忽視的。

孫子提出了獲勝的兩條謀略，一是不戰而勝的上等謀略，即「不戰而屈人之兵」，這是歷代軍事家所嚮往的最高境界。一是戰鬥謀略，即用戰爭獲得勝利的謀略。

司馬懿提出的結交東吳以解樊城之圍的計謀，乃是不戰而勝的戰例。

形戰第二十三

製造假象分散敵人的力量

要解開一團亂麻繩，就必須設法找出其結頭，慢慢解開，不能用拳頭去砸。要排解鬥毆者的打鬥，切不可捲入其中用棍子亂打一氣，要避開雙方的拳腳，伺機用拳猛襲他們空虛無備之處，待他們被打倒停手後，形勢自然緩和。善於用兵作戰的人，處處調動敵人。

〔原　文〕

凡與敵戰，若彼衆多，則設虛形以分其勢，彼不敢不分兵以備我。敵勢即分，其兵必寡。我專為一，其兵必寡。我專為一，其卒自衆。以衆擊寡，無有不勝。法曰：形人而我無形。

漢末，建安五年，曹操與袁紹相拒於官渡。紹遣郭圖、淳于瓊、顏良攻曹將東郡太宗劉延於白馬，紹率兵至黎陽，將渡河。夏四月，曹操北救延。荀攸說操曰：「今兵力不可敵，若分其勢乃可。公到延津，若將渡河向其後，紹必西應之。然後輕兵襲白馬，掩其不備，顏良可擒也。」

操從之。紹聞兵渡，即分兵西應之。操乃率軍兼行趨白馬，未至十餘里，良大驚，來迎戰。操使張遼、關羽前登，擊破之、斬良，遂解白馬之圍。

〔譯　文〕

同敵軍交戰，如果敵軍的兵員眾多，則要設法製造假象，以便分散它們的力量，使敵軍不得不分散兵力防備於我。敵軍的兵力分散了，每一局部的兵力自然弱小。集中我軍，兵力自然相對而多。以多數兵力攻擊少數敵軍，必然能取勝。兵法上說：「設法誘使敵人暴露形跡，而自己的形跡不露。」

東漢末，曹操同袁紹在官渡地區相對峙。袁紹命令郭圖、淳于瓊、顏良到白馬地區攻打曹操的部將東郡太守劉延，袁紹親自統兵抵達黎陽，準備渡越黃河。四月間，曹操北上救援劉延。謀士荀攸向曹操建議說：「目前我軍兵員不多，難以抵擋袁紹的軍隊，如果分散敵方的兵力就能戰勝敵人。您可以帶一部分人馬到延津去，裝出要渡黃河攻擊敵軍後方的姿態，袁紹必定從西面來應戰。然後用輕裝部隊襲擊白馬，乘敵人無防備，就可以擒拿顏良。」

曹操採納了荀攸的計謀。袁紹聽說曹操準備渡黃河，馬上分兵西去迎戰曹操，曹操便率領部隊日夜兼程直奔白馬地區，到距離白馬只有十餘里時，顏良才發現曹軍來了，大驚失措，慌忙迎戰。曹操便命令張遼、關羽為先鋒，擊敗了袁軍，殺死了顏良，白馬之圍便得到了解救。

敵勢即分　其兵必寡

打仗首先要掌握主動權，搶佔先機，佔據了主動權，就能集中兵力打勝仗。集中兵力，並不是簡單的兵力聚合與物力傾注，它包含著集中我方兵力，分散敵人兵力的兩個方面。孫子認為：用示奇正之形於敵人的方法騙取敵人，使它暴露虛實，而我方不露痕跡，我方兵力集中，敵方的兵力分散；我方兵力集中在一處，敵方的兵力分散在十處。於是我軍就能用十倍於敵人的兵力去攻擊敵人，造成敵寡我眾的勢態，能做到以眾擊寡，那麼我軍與敵人作戰的兵力就少了。

官渡之戰是我國軍史上著名的以少勝多的戰例之一，曹操採用了荀攸的計謀，運用聲東擊西的戰術，緊緊握住主動權，用佯攻示形於袁紹，使袁紹的兵力分散開。袁紹的優勢兵力被化整為零，在戰爭中被曹操牽著鼻子走，被動作戰，豈有不敗之理？

勢戰第二十四

善戰者善於借勢

勇敢或怯懦，是由形勢的好壞造成的；堅強或虛弱，是由力量的對比造成的；湍流能夠沖走石頭，是由水勢造成的。

善於領兵打仗的將帥，常常求之於勢。好形勢下，謝安淝水輕取前秦百萬大軍；壞形勢下，項羽縱有拔山之力只得與虞姬泣別。

能乘著戰鬥勝利的威勢，可以使人以一當百；吃了敗仗的兵卒，再也神氣不起來。故作戰要善於借勢。

〔原　文〕

凡戰，所謂勢者，乘勢也。因敵有破滅之勢，則我從而迫之，其軍必潰。法曰：因勢破之。

晉武帝密有滅吳之計，而朝廷多違，惟羊祜、杜預、張華與帝議合。祜病，舉預自代；及祜卒，拜預鎮南大將軍，都督荊州諸軍事。即至鎮，善兵甲，耀威武，遂簡精銳，擬破吳。西陵都督張政，乃啓請伐吳之期，帝報待明年方欲大舉。

預上表曰：「凡事當以利害相較，今此舉十有八九之利，而其害一二，止於無功耳。朝臣言破敗之形，亦不可得，直是計不出己，功不在身，各恥其前言之失，故守之耳。昔漢宣帝議趙充國所上事，較之後，責諸議者，皆叩頭而謝，以塞異端也。自秋以來，討賊之形頗露之，今若中止，孫皓怖而生計，或徙都武昌，更添修江南諸城，遠其居人，城不可攻，野無所掠，積大船於夏口，則明年之計，或無所及矣。」

時帝與張華圍棋，而預表適至。華推枰斂手曰：「陛下聖明神武，國富兵強。吳王淫虐，誅殺賢能，當今討之，可不勞而定。」帝乃許之。

預陳兵江陵，遣周旨、伍巢等率奇兵泛舟夜渡，以襲樂鄉，多張旗幟，起火巴山，出於要害之地，以奪賊心，遂獲吳都督孫歆。即平上流，於是湘江以南至於交廣，吳之州郡，望風歸附，預仗節宣詔而綏撫之。

時諸將會議，或曰：「百年之寇，未能盡克。今大暑，水潦方盛，疾疫將起，宜伺冬來，更為大舉。」預曰：「昔樂毅借濟西一戰，以併強齊。今兵威已振，譬如破竹數節之後，皆迎刃而解，無復著手處也。」遂指授群師，徑造秣陵，所過城邑，莫不束手，遂平孫皓。

〔譯　文〕

作戰時，所謂的勢就是乘勢。只要敵人有動搖失敗的勢頭，就能利用。如此，我軍就得緊緊抓住這個機會，並進一步逼迫，這樣，敵人就必定要潰敗。

兵法上說：乘勢而擊敗敵人。

晉武帝司馬炎悄悄地制定了一個消滅吳國的計劃，然而朝中多數大臣的意見卻與武帝的謀略不相合。只有羊祜、杜預、張華與武帝的謀略相同。羊祜病重，推薦杜預代替自己。羊祜死後，武帝便提升杜預為鎮南大將軍，負責荊州軍事。杜預上任後，便整頓兵馬，修整軍事裝備，壯大軍隊的聲威，挑選精兵良將，做好攻打吳國的準備工作。西陵都督張政請示攻伐吳的時間，晉武帝回答明年才能發動大規模的攻擊。

杜預上奏章說：「什麼事都要權衡利弊，現在的形勢十分之八九有利於我們，而不利之處僅佔十分之一二，最多不過是白費力氣而已。朝中的大臣們說這次行動會帶來惡果，更是不可能的。這是因為攻打吳國的計劃不是他們想出來的，功勞也不會歸功於他們，他們都為自己上次的議論不合適而感到羞恥，因此故意說要防守。從前漢宣帝商討趙充國所奏章的事，詳細斟酌以後，批評了那些堅持不同意見的人；嚇得那些人磕頭謝罪，這樣便堵住了那些異端邪說。從立秋以來，我們攻伐吳國的計劃已經暴露，現在如果停下，孫皓（孫權之孫，吳國亡國君主）因為害怕必然尋找策略對付我們，說不定要遷都武昌（今鄂城），或者是加緊修築江南各地城鎮，把各地的居民遠遷，這樣，我軍不但無法攻城，也得不到補給。如果孫皓再把大戰船集中到夏口，這樣明年實行攻打吳國的計劃，可能更難以成功。」

武帝當時正在同張華下圍棋，這時杜預的奏章正好送到。張華推開棋盤對武帝拱手說：「聖上英明，我國國富民強，吳王淫亂暴政，枉殺賢明與有才能的志士，現在攻伐他，能夠輕而易舉地大獲全勝。」於是晉武帝批準了杜預的奏章。

杜預便命令軍隊駐紮在江陵，命令周旨、伍巢等率領奇兵於黑夜乘船渡江，襲擊樂鄉（今江陵西面，長江南岸），到處張掛旌旗，大燒巴山，出沒於要害地區，以擾亂敵人的軍心，活捉了吳國都督吳歆。平定了吳國上游地區之後，又從湘江以南到交趾（今廣西、越南等地）、廣州（今廣東）的吳國州郡望風而歸晉國，杜預派出使者宣讀詔書，安撫各地。

這時晉國的將領集中商討這些事，有人說：「吳國是盤踞了一百多年的敵對國家，不能一下子全部攻克。如今正逢炎熱季節，又遇上大水，瘟疫疾病恐怕會蔓延，最好是等到秋冬再舉行大規模攻伐。」杜預回答說：「古代樂毅憑借濟西一戰，吞併了強大的齊國。如今我們的軍威振奮，好比竹子已經破裂了幾節，就能夠迎刃而解，不必再從別處下手。」於是指揮各路軍馬直接逼近秣陵（今南京市），所到之處，沒有不投降的，吳國終於被晉軍所平定。

敵有破勢　從而迫之

善於用兵作戰的人，千方百計創造有利之勢，不對部下求全責備，而是選擇人才，發揮人們的主觀能動性去利用和創造有利的態勢。

孫子認為：善於利用勢態的人指揮作戰，如同在山頂上滾動木頭、石頭，木頭、石頭放在平坦之處就靜止，放在險峻山頂就容易滾動。所以善於指揮作戰的人造成的勢態，好比將圓石從萬仞高山推滾而下，一瀉千里，銳不可擋，這就是所說之「勢」。

晉武帝密訂了一個滅吳的計劃，朝中大臣多數認為不可，惟有羊祜、杜預、張華等人贊同。杜預陳明攻吳的利大於害，以及緩攻與速攻的差異，認為機不可失，時不再來。持久作戰對晉軍很不利，提出速戰速決，不給吳國有任何喘息機會的作戰方法，從而一鼓作氣殲滅吳軍，徹底吞併了吳國。

晝戰第二十五

白天作戰　多設旌旗

人在白天的時候說一些昨晚的夢話，而到了晚上作夢時又能說出白天曾說過的話，可以說這個人常常可以保持清醒頭腦。在狂風暴雨中，飛禽都感到哀傷憂慮、惶惶不安；晴空萬里的日子，草木茂盛欣欣向榮。由此而見，天地間不可以一天沒有祥和之氣，而人間也不可以一天沒有舒暢的心情。

〔原文〕

凡與敵晝戰，須多設旌旗，以為疑兵，使敵莫能測其衆寡則勝。法曰：晝戰多旌旗。

春秋，晉侯伐齊。齊侯登山以望晉師。晉人使斥，山澤之險，雖所不至，必旆而疏陳之。使乘車者，左實右偽以旆，先輿曳柴而從之。齊侯見之，畏其衆也，遂逃歸。

〔譯文〕

在白天與敵人作戰，必須多布旌旗，以這些擺布疑兵陣勢，使敵軍無法測度我方的真實情況，這樣就能奪取勝利。兵法中說：白天作戰要多布旌旗。

春秋時期，晉侯帶兵攻打齊國，齊侯登上山頭觀望晉國軍隊。晉國派出偵察分隊，凡是山水險要之地無所不到，各路兵馬都要多設置些旌旗，戰車也要左邊坐人，右邊虛設旗幟作偽裝，前面是戰車，後面的車子拖著柴草。齊侯看到了，畏懼晉軍人多勢大，便逃回去了。

多設旌旗　使敵莫測

白天作戰，必須多設置旗幟，以此作為疑兵，使敵人無法測度我軍的實力，如此便能獲取勝利。

旗幟本身的功用是己方軍隊作戰的參照物。劉伯溫在《晝戰》中提出用旌旗作為疑兵，就將作戰旗幟的功用與地位推上了一個更高、更新的層次，旗幟不僅有號令部隊行動的作用，其本身也是軍隊編制大小、人數多少的一種象徵，旗幟的多少與兵員的數量成正比。從此，軍事家們便開始把軍旗的作用列入疑兵之術的範疇。實力強大則減少旗幟表示弱小，實力弱小則增加旗幟示以強大。虛虛實實，真真假假，令敵方難以測度真面目而不敢妄為。

晉軍之所以大敗齊軍，重要一點就是晉軍廣設旗幟，虛張聲勢，使齊軍覺得風聲鶴唳，草木皆兵，只好倉惶而逃。

西元前四九六年，越王允常去世，其子勾踐繼位。吳闔廬想乘越王新立，全國舉喪的時候，攻伐越國。

此時的闔廬年事已高，性情則益發暴躁，剛愎自用。伍子胥等人勸諫他不應在此時發兵，但闔廬仍堅持己見，不聽大臣們的諫諍。他命令伍子胥和太子夫差留守吳都，自己親自率三萬精兵，伯嚭、專毅和王孫駱為護衛，從吳都南門出行，向越國進發。

越王勾踐聽到闔廬來犯，任命諸稽郢為大將，靈姑浮為前鋒，也親自統領大軍迎敵，吳越兩軍相遇後，各距十里安營紮寨。吳軍和越軍各有出戰，不分勝負。勾踐望見吳軍在陣地上隊伍整齊，戈甲精銳，士氣旺盛，嚴陣以待，心中大為吃驚。於是，他便派人組成左右兩隊各為五百軍士的敢死隊，各持大戟和長矛，一聲吶喊後，一齊殺奔吳陣。不料闔廬指揮鎮定，毫不慌張，他命令各陣角都派弓弩手分別把守，等越軍敢死隊一靠近，便利弩齊發，密如飛蝗，越國敢死隊大都死傷，而吳國陣地卻堅如鐵壁。

看到敢死隊潰敗回來，勾踐心裡十分焦急。此時，大將諸稽郢秘密向勾踐獻了一條計謀，勾踐聽後轉憂為喜。

第二天，天剛剛亮，就見到越軍轅門打開，從營中走出三百人，分為三行，全部裸露著上身，步履沉穩、神態安詳地向吳軍陣地前走去。當來到吳軍前面，為首的一位致詞說：『我們越王不自量力，得罪了上國，以致辛勞貴國兵眾來討伐下國，我們這些人不惜生命，願意以死來代替越王的過錯。』原來，這些人都是越軍帶到陣前的死囚犯人。只見他們說完上述的話後，拿出短劍，一個個刎頸而死。

吳國兵將從來沒有見過這種陣式，都吃驚地瞪圓大眼看著眼前發生的這幕怪劇。就在這時，越軍忽然鼓聲大作，號角齊鳴，重新組織的敢死隊在大將諸稽郢和靈姑浮的率領下，以迅雷不及掩耳之勢衝開吳陣，銳不可擋。勾踐率領的大軍隨後掩殺過來，吳軍大亂，來不急招架便倉惶逃竄。越軍乘勢追殺，靈姑浮在追擊中正好遇到闔廬，靈姑浮舉刀便砍，闔廬慌忙躲避，被大刀砍中右腳，傷了腳趾，連鞋也掉到戰車下面，幸虧吳將專毅及時趕到，闔廬才得以脫身。

越軍又是一陣掩殺，吳軍死傷過半。闔廬傷勢漸重，令即刻回軍。在回國途中，闔廬氣絕而亡。勾踐用死囚打頭陣，別出新招，終於打敗了闔廬。

夜戰第二十六

夜間作戰，須多用火把與鼓聲

當夜闌人靜、萬籟俱寂時，忽然傳來悠揚的音樂聲，往往能使人豁然頓悟。觀看澄清的水潭中的月亮倒影，就彷彿看到了超脫肉體之外的自己。要想拋卻煩惱，只須在夜間二更時聆聽山中寺廟的木魚之聲；要想使本性得到透徹的悟解，只須去看一看佛前的蓮花。

〔原　文〕

凡與敵人夜戰，須多用火鼓，所以變亂敵之耳目，使其不知所以備我之計，則勝。法曰：夜戰多火鼓。

春秋，越伐吳。吳人御之笠澤，夾水而陣。越為左右兩軍，乘夜，或左或右，鼓噪而進。吳分兵以御之。越為中軍潛涉，當吳中軍而鼓之，吳師大亂，遂敗之。

〔譯　文〕

夜間與敵人作戰，必須多利用火把與鼓聲，以擾亂敵人的耳目，使他們不知道用什麼辦法來防備於我，如此就能取勝。兵法上說：夜間作戰要懂得多利用火光與鼓聲。

春秋時期，越國攻打吳國，吳國軍隊在笠澤（今太湖東南部）防禦越軍，兩國在笠澤兩岸隔水布陣。越軍派出左右兩軍，乘著夜晚一會而從左，一會而從右，擂動戰鼓，吶喊著前進，吳軍分兵抵抗。越軍主力卻潛行渡江，朝吳軍中央部位擂鼓衝擊，吳軍大亂，越軍便打敗了吳軍。

多用火鼓　亂敵耳目

夜間作戰，多利用火光與鼓聲，以此擾亂敵人的視覺與聽覺，使敵人不知怎樣來防備我軍，這樣便為我軍造就了有利時機。

劉伯溫寫的「夜戰」還是屬於以疑兵作戰的範疇，雙方舉火夜戰，擺陣決鬥。孫子提出「夜戰多火鼓」還是僅為我用的界線，劉伯溫把火鼓的功用上升到疑戰之境地，力求多用火鼓打亂敵軍的戰略部署，動搖敵方的軍心。從作戰觀念來說，夜戰很難把握住，弄得不好，自我傷亡較大。夜間要對地形地勢相當熟悉，聯絡信息工作要做好，有周詳的方案，如此以少勝多比白天把握大得多，用少量部隊連續夜間騷擾，可拖垮、疲憊大股敵軍。

吳越夜間爭戰，越軍在戰鬥中採用聲東擊西的戰術，使吳軍四處奔跑，疲憊不堪，分兵迎擊，結果大敗。

吳王闔廬用計謀殺掉自家兄弟登位稱王後，萬萬沒有想到，他的這一做法成為其兄弟夫概仿效的樣板。夫概乘闔廬領兵出征，國內空虛之機，殺入吳都，宣布為王。

備戰第二十七

處處防備　有勝無敗

凡事預則立，不預則廢。

在用兵法則上，力求「不打無準備之仗」。

一切艱難危險的情況，都必須預先籌劃，分別部署，務必要有一定的對策，而且還要預先制定對意外事件的應變方法，然後才能安定沉著，不致出錯。

古人指揮部隊作戰，歷經千險，平安無事，並非都有奇謀異略，不過是預先有所準備罷了。

〔原　文〕

凡出師征討，行則備其邀截，止則禦其掩襲，營則防其偷盜，風則恐其火攻。若此設備，有勝而不敗。法曰：有備不敗。

三國，魏大將吳鱗征南，兵到精湖。魏將滿寵帥諸將在前，與敵夾水相對。寵謂諸將曰：「今夕風甚猛，故必來燒營，宜為之備。」諸軍皆警。夜半，敵果遣十部來燒營，寵掩擊，大破之。

〔譯　文〕

凡是出師征討，行軍途中要防備敵人攔截；停止歇息時要防備敵人的突然襲擊；安營紮寨時要防備敵人偷營；大風刮起時要防備敵人用火攻擊。如若能處處防備，就會有勝而無失敗。兵法上說：有所準備就不會失敗。

三國時期，魏國大將吳鱗率軍南征，部隊到了精湖（今江蘇高郵湖）一帶。魏國將軍滿寵率領眾位將兵作為先鋒，同敵軍隔湖對峙。滿寵對各位將領說：「今天晚上的風很大，所以敵人必定來燒我們的營寨，我們要嚴加防備。」魏軍各營都非常警惕。到了半夜，敵人果然派上十支分隊來放火燒營，滿寵帶兵突然殺出，大敗敵軍。

備其邀截　禦其掩襲

兵法上說：「出其不意，攻其不備。」我國現代的軍事觀念是：「提高警惕，準備打仗。」軍隊刻苦練兵，嚴整軍紀，其目的也就是準備打仗，時時刻刻有作戰觀念，這支部隊絕對能打仗。

戰爭本身就是一個攻守對立的矛盾，作戰雙方都極力尋找對方的失誤之處，從而乘機打敗對手。正因為這種企圖與行動，隨時隨地都有付諸實施的可能性，作戰者惟有時時處於戒備之中，才不致於失敗。所以劉伯溫警戒人們：行軍時要防備敵人伏擊，停歇時要防備敵人襲擊，紮營時要防備敵人偷營，大風時要防備敵人火攻。

實戰中僅僅從這四個方面去防範，是遠遠不夠的，從現代戰爭來說，還要防炮火襲擊，防化學武器，防空、防水、防毒、防地雷等等。

糧戰第二十八

軍隊沒有糧食就會敗亡

糧食是人民生活的必需品，是軍隊的命根子。「兵馬未動，糧草先行」。戰爭是力量的比賽，糧食問題是最主要的物質基礎。軍隊的糧食供給，或取之於敵，或從後方運輸，或就地補給，或屯田種糧以自給自足。

企業的「糧」是資金。資金是企業的「生命線」。一個企業的實力，就是看其設備、資產和資金。

〔原　文〕

凡與敵對壘，勝負未決，有糧則勝。若我之糧道，必須嚴加守護，恐為敵人所抄；若敵人餉道，可分遣銳兵以絕之。敵既無糧，其兵必走，擊之則勝。法曰：軍無糧食則亡。

漢末，曹操與袁紹相持於官渡。遣軍糧使淳于瓊等五人，將兵萬餘人送之，宿紹營北四十里。紹謀臣許攸貪財，紹不能足，奔歸操。因說操曰：「今袁紹有輜重萬餘乘，而乏嚴備。今以輕兵襲之，燔其積聚，不過三日，袁氏自敗矣。」操乃留曹洪守，自將步騎五千人，皆用袁軍旗幟，銜枚縛馬口，夜從間道出，人負束薪，所歷道有問者，語之曰：「袁公恐操抄掠後軍，遣軍以益備。」聞者信以為然，皆自若。既至圍屯，即放火，營中驚亂，大敗之。紹棄甲而遁。

〔譯文〕

在與敵人相持作戰，一時難以決勝負的時候，誰的糧草豐富，誰就能取勝。對我方的供糧道路，必須嚴加守護，防止被敵人偷襲與截擊；對於敵人的糧道，要派精銳部隊去切斷它。敵軍如果沒有糧草，必然就要撤退，這時攻擊敵人就必然能取勝。兵法上說：軍隊沒有糧食就會滅亡。

漢末時期，曹操和袁紹在官渡（今河南中牟北邊）相對峙。袁紹命令淳于瓊等五人，率領一萬多人護送糧草，糧草安置在離袁營北面四十里的地方。袁紹的謀臣許攸貪財，不被袁詔重用，於是投奔了曹操，並對曹操說：「如今袁紹的輜重車輛有一萬多輛，又缺乏嚴格防守。我們可以派遣輕騎部隊去襲擊，燒毀他的積蓄。不過三天，他必然就要失敗。」曹操便留曹洪守營，親自帶領五千人馬，全部打著袁紹的旗幟，人銜枚馬縛口，乘黑夜從小路出發。曹軍每人背柴一捆，在路途中遇到有人查問，便說：「袁公害怕曹操偷襲後軍，特別委派我們增強防務。」聽到這些話，袁紹的軍隊信以為真。曹操到了袁軍的屯糧之地，立即放火燒糧，袁軍營內驚亂不堪，大敗，袁紹丟盔棄甲而逃走。

有糧則勝　無糧則亡

戰爭的勝負取決於前方將士的浴血奮戰，而後方的糧草、軍需物資的供應也是很重要的一方面，糧食是戰爭的大動脈。三軍未動，糧草先行。國以民為本，民以食為天。

糧食、軍餉對將士來說，一則是物質性極強、必不可少的戰爭必需品，二則是士氣與軍心的心理安定因素。因此，不論是哪位率軍作戰的將領，首先要考慮到後勤供給，輜重、糧草的情況，首先謀劃的是怎樣切斷、毀去敵方的糧草、輜重、後勤給養。在這個方面主動權掌握了，獲得了優勢，取得了勝利，整個戰爭也就勝券在握。

曹操與袁紹展開的官渡之戰，導致袁紹慘敗的重要因素就是糧草被曹操一把火化為灰燼。十幾萬人馬無糧草就喪失了戰鬥力，同時給袁紹軍隊的心理上帶來了極大的驚慌，使袁紹功虧一簣，悉心的準備、周詳的安排都付之東流。

唐僖宗光啟年間，廬州刺史楊行密率兵包圍了在廣陵（今揚州）「作亂」、自稱淮南節度使的秦彥。秦彥被困在城中數月，糧草斷絕，只好拼死與楊行密在城外決戰。秦彥的人馬多，列陣於城西，延續數里。

楊行密胸有成竹，對先鋒李濤說：「秦彥的官兵個個面帶饑色，你此次出戰，只許敗，不許勝，我自有妙計破敵！」李濤率軍與秦彥交戰，不多時，向後敗退。秦彥揮兵追殺，半路上，楊行密帶一千精兵截住秦彥，雙方廝殺一陣，楊行密「不敵」，掉頭就跑，秦彥窮追不捨。楊行密逃至己方的糧倉和金帛倉庫附近，從小路遁去。

秦彥的兵將殺退守衛倉庫的士兵，衝入倉庫，見庫中是堆積如山的糧食和金帛，一個個歡呼雀躍，擁入庫中，搶糧的搶糧，搶帛的搶帛，馬馱肩扛，你擁我擠，亂作一團。楊行密早已把主力兵馬布署在倉庫附近，見時機已到，立刻擂響戰鼓，伏兵四面殺出。秦彥回天乏力，丟下兵馬，與幾個親信部將拼死殺出重圍，逃命去了，楊行密大獲全勝。

導戰第二十九

善於利用嚮導就能得地利

好奇之心是人的本性，兒童尤甚，這種好奇之心便是求知欲的萌芽，全賴人們的循導。

從兒童的實際出發，由好奇而產生興趣，由遊戲而獲取知識，因勢利導，層層善誘。

兒童的好奇心，均含有一個「為什麼」，教師與家長若引導得法，使他們饒有興趣地一步一步追求知識，探索奧秘，對他們的成長則是極為有益的。

〔原　文〕

凡與敵戰，山川之平險，道路之迂直，必用鄉人引而導之，乃知其利而戰則勝。法曰：不嚮導者，不能得地利。

漢武帝時，匈奴比歲入寇，所殺掠甚衆。元朔五年春，令衛青將三萬騎出塞。匈奴右賢王以為漢兵不能至此，遂醉臥帳中。漢兵夜至，圍，右賢王遂大驚，獨與其愛妾一人，騎兵數百，突圍夜逃北去。漢遣輕騎校尉郭成等追四百里弗及，得裨將數百人，男女五千餘口，畜馬數百萬。於是，青率兵而還。至塞，天子使使者持大將軍印，即軍中拜青為大將軍，諸將皆以兵屬，立號而歸。皆用校尉。張騫以嘗使大夏，留匈奴人導軍，善知水草處，大軍得以無饑渴之患。

〔譯文〕

同敵人作戰時，山川的平險，道路的曲直，必須用鄉民作嚮導，才能知道地理條件的利與害，這樣作戰就可以取勝。

兵法上說：不善於利用嚮導的人，就不能得地利。

漢武帝時期，匈奴每年都入侵騷擾中原，燒殺搶奪很嚴重。於元朔五年（西元前一二四）春，漢武帝命令衛青率領三萬騎兵出師塞外攻擊匈奴。匈奴右賢王認為漢軍不能到達這個地方，便醉臥在帳篷內。漢軍在夜間突然到來，包圍了匈奴兵。右賢王大吃一驚，只帶著他的一名愛妾，率領騎兵幾百人，連夜向北突圍而去。漢軍命令輕騎校尉郭成等將領追趕了四百多里，沒有追趕上。

這一仗就俘虜了匈奴偏將以下幾百人，男女兵丁五千多人。牲畜戰馬幾百萬。於是，衛青統領大軍勝利返回，到達塞內後，漢武帝就派出特使拿著大將軍的大印，於軍中拜衛青為大將軍，各位將都受到封銜，評定各個級別後便回去了，一些將領都封為校尉。在此之前，張騫曾經出使大夏（今阿富汗）時，帶回了一些匈奴人作嚮導，這些嚮導善於了解塞外的地理條件，水、草的分布情況，所以衛青的大軍沒有受到饑渴之苦。

不用嚮導 不得地利

在森林山區，險要陡峭的地區作戰，道路迂迴曲折，一定要利用當地鄉人做嚮導，這樣才能了解地形上好壞情況。

所以《孫子兵法》中說：「不用嚮導者，不能得地利。」

熟能生巧。什麼事熟悉、精通就會速成，生疏則緩慢。作戰之中遇到不知底細的險惡地帶，或者是容易迷失方向的地區，沒有嚮導的指引，就是不遇上敵人襲擊，也會困死、累死、餓死……所以嚮導在這種情況之下對軍隊來說太重要了。

漢軍擊敗匈奴固然與軍事力量有直接關係，而嚮導的作用同樣重要，功不可沒。塞外大漠地帶，人跡罕至，水草難尋，如果沒有張騫當年收攬的許多匈奴人作嚮導，漢軍不要說打敗凶悍的匈奴兵，活捉匈奴單于、左右賢王，可能連走出大沙漠也是妄想。

知戰第三十

準備充足 防守就堅固

人，若不能對人生有所了悟、有所覺解，不能跳出「自然的生死」圈外，躍入天地精神、宇宙精神之境界，則依然是個糊塗漢，即使貴為天子，享受著榮華富貴之類，對此無所知、無所解，也與禽獸無異。

若能在日常行處，日通於德，日知於道，則自可從平地而起，往頂峰而住。如此，則自可化渺小為偉大，化平凡為高明，化庸俗為神聖，化有限為無限。

〔原　文〕

凡興兵伐敵，所戰之地必預知之。師至之日，能使敵人如期而來，與戰則勝。知戰地，知戰日，則所備者專，所守者固。法曰：知戰之地，知戰之日，則可千里而會戰。

戰國，魏與趙攻韓，韓告急於齊。齊用田忌將兵往救，走大梁。魏將龐涓聞之，去韓而歸魏。孫臏謂田忌曰：「彼三晉之兵素悍勇而輕齊，齊號為怯；善戰者因其勢而利導之。兵法：百里而趨利者，蹶上將；五十里而趨利者，軍半至。使齊軍入魏地為十萬灶，明日為五萬灶，又明日為二萬灶。」涓追三日，大喜曰：「我固知齊軍怯，入吾地三日，士卒亡者過半矣。」乃棄其步兵，與精銳奇兵。倍道兼行逐之。孫臏度其行，暮當至馬陵，道狹而旁多阻隘，可伏兵。乃斫大木，白而書之曰：「龐涓死此樹下。」於是，令齊軍善射者萬弩夾道而伏。涓追至，見白書，乃鑽火燭之。讀其書未畢，齊軍萬弩俱發，魏軍大亂。涓自知智窮兵敗，乃自刎。

〔譯　文〕

如果想興兵攻打敵方，必須預先了解所交戰的地區。部隊到達地點時，也能使敵人如期到達，這樣同敵人交戰就能取勝。知道了作戰地點，知道了作戰日期，所做的準備就會充足，防守就會堅固。

兵法中說：知道了作戰的時期，知道了作戰的地點，就能不遠千里去會戰。

戰國時代，魏國與趙國聯合攻打韓國，韓國便向齊國求援告急，齊國命令田忌領兵救韓國，齊軍直接出兵攻打魏國都城大梁（今開封市）。魏將龐涓聽說後，便撤離韓國返回魏國。孫臏對田忌說：「魏趙二國的軍隊歷來勇猛驃悍，輕視我們齊國軍隊。齊軍從前被稱為懦怯的軍隊。擅長作戰的人應該懂得因勢利導。兵法中說：行走百里去爭奪利益，就會損失上將；行走五十里去爭奪利益，軍隊只有一半能達到。使齊軍在剛剛踏進魏國境內時做十萬灶，第二天只能做五萬灶，第三天便只做二萬灶。」

龐涓追趕三天後，便大喜說：「我本來就認為齊軍懦怯，踏進我國境內三天，士兵逃跑的人數就超過了大半。」於是龐涓丟開他的步兵，只帶著精兵部隊，加倍兼程地追趕。

孫臏計算著魏軍行軍的速度，傍晚時間應該到達馬陵。這個地方路途窄小，兩邊地勢險隘，是理想的伏軍之地。孫臏便下令剝下一塊樹皮，在上面寫著：「龐涓死於此樹下。」寫畢，命令齊軍萬名善於射箭的弓箭手埋伏在道路兩側。

龐涓追趕到這裡，看到樹上有白色的字，便取過火把照看。還沒有讀完，齊軍萬箭齊發，魏軍的隊伍頓時大亂。龐涓懂得自己已經到了窮途末路，便自殺身亡了。

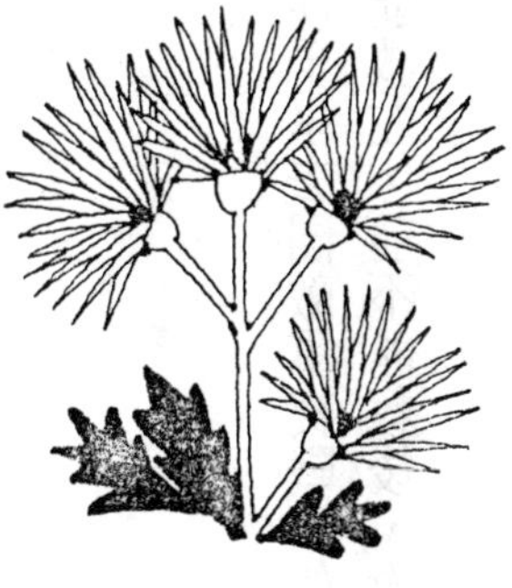

所戰之地　必預知之

同敵人作戰首先要預知交戰地點，預知交戰時間，這樣就可以跋涉千里去同敵軍交戰。如果不能預知交戰的地點，不能預知交戰時間，就會左不能救右，右不能救左，前不能救後，後不能救前。

了解敵人的虛實，又了解自己的強弱，百戰都不會有危險；不了解敵人而了解自己，可能勝也可能失敗；不了解自己也不了解敵人，那麼每戰必敗。

馬陵戰之初，孫臏以避實擊虛的戰策行圍魏救趙之計；待魏軍回師大梁追趕齊軍之時，孫臏便以強而示弱的策略，施行減灶之計吸引敵軍深入，最後在馬陵道設下伏擊圈，以逸待勞，一舉全殲龐涓的軍隊，龐涓見大勢已去，只得拔劍自殺。

斥戰第三十一

偵察兵是指揮員的耳目

偵察兵是軍事指揮員的耳目，受到歷代軍事將領的高度重視。利用偵察手段對敵方的情況瞭如指掌，而使敵人對我軍一無所知，如此打敗敵人只是一個時間問題而已。

不打無準備之仗，不打無把握之仗，這個把握、準備，主要從偵察手段中得來。

〔原　文〕

凡行兵之法，斥堠為先。平易用騎，險阻用步。每五人為甲，人持一白旗，遠則軍前後左右接續候望。若見賊，以次傳近告白主將，令衆預為之備，法曰：以虞待不虞者，勝。

漢宣帝時，先零諸羌叛，犯邊塞，攻城邑，殺長吏。時後將軍趙充國年七十餘，上老之，便問：「誰可將者？」充國曰：「百聞不如一見，兵難預度，臣願馳至金城，圖上方略。然羌戎小夷，逆天背叛，滅亡不久，願陛下屬之老臣，勿以為憂。」上笑曰：「諾。」充國至金城，須兵滿萬騎，欲渡河。恐為羌所遮，即夜遣三校銜枚先渡，渡輒營陣。會明，遂以次盡渡。羌數十百騎來，出入軍傍。充國曰：「吾士馬新至，困倦，不可馳逐。此皆驍騎難制，又恐為其誘兵也。擊羌以殄滅為期，小利不足貪。」令軍中勿擊。遣騎候望，四望狹中無羌。夜半，兵至洛都，召諸校、司馬謂曰：「吾知羌戎不能為矣。使彼發數千人杜守四望，狹中兵衆，豈得入來？」充國常以遠斥堠為務，行必為戰備，止必堅營壁，尤能持重愛士卒，先計而後戰，遂平先零。

〔譯文〕

用兵的方法，首先需偵察情況。平原地帶用騎兵，崎嶇不平的山路用步兵。每五人為一組，每人打一面白旗，從遠到近，在部隊的前後左右都要不斷地偵察瞭望，如果發現敵人，就依次把情況傳報給主帥，使部隊有所準備。

兵法上說：以有準備的自己去攻擊無準備的敵人，就一定能取勝。

西漢宣帝時期，先零羌的幾個部落聯合叛亂，侵犯邊疆，攻破城鎮，殺死邊疆官員。當時西漢名將趙充國已經七十多歲，宣帝見他年高，便召他來詢問說：「哪個能夠領兵出征？」趙充國回答說：「百聞不如一見，怎樣用兵作戰是難以預測的，我願意馬上去金城（今蘭州），以後再好好商討對策。羌軍只不過是區區外族，他們違反天意、反叛朝廷，滅亡的時間不會長久的，請陛下不必擔憂，把這個任務交給老臣我吧！」宣帝笑著說：「好吧。」

趙充國到了金城，聚匯了一萬多騎兵，準備渡河。又害怕敵人半路阻擊，便在夜間命令三名小將帶領一部分兵員悄悄渡河，渡河之後，立即擺好陣勢，天明以後，大隊人馬依次過河。敵軍幾百騎兵跑來，在漢軍左右奔馳徘徊，趙充國說：「我軍剛到，人困馬衰，不可立即出營作戰。那些羌人的騎兵驃悍善戰，難以對付，更要提防敵人的誘兵之計。打擊敵人要以消滅敵人為目的，不能貪小便宜。」命令部隊不準出擊。

於是派出騎兵偵察隊，四處觀察，證實狹谷中沒有伏兵。半夜時分，部隊來到洛都，趙充國召集各校尉與司馬，對他們說：「我估計敵人已經兵窮智盡，就是他們有幾千人馬在四處伺機而動，在狹谷之中我方人多勢眾，他們也難以攻過來。」

趙充國經常親自外出偵察，行軍途中時時做好戰鬥準備，宿營時必定加固防守營寨，遇事更加慎重，體恤戰士，先預算準備，然後才進攻，最終平定了先零羌的叛亂。

斥堠為先　虞待不虞

用兵之道，首先要派出偵察部隊，力求做到知己知彼，百戰不殆。斥堠就是古時代對偵察部隊的稱呼。

孫子說：「以自己有準備的軍隊去同無準備的敵人作戰，就一定能獲勝。」從古到今的軍事家們，都十分重視戰前偵察工作，千方百計去搜集敵軍的情報。在冷兵器時代，科技不發達，只有透過直接觀察、實地考察等途徑收集情報。

現代戰爭中，敵我雙方往往是借助現代發達的科學技術進行戰前偵察活動，以此獲取情報。據有關資料介紹，美伊海灣戰爭爆發前，以美軍為首的聯軍，調動了大量先進的儀器設備用於情報偵察戰，光是偵察衛星一項就出動三十多顆。

所以，聯軍對伊拉克整個地面軍事設施掌握的非常清楚，以致在短短幾天內的空戰，便把伊拉克的軍事設施摧毀了大半。

澤戰第三十二

沼澤地區，不可貿然行動

軍隊經過沼澤地時，要迅速離開，不可停留。如果在沼澤地帶作戰，首先要搶佔水草茂盛的有利地形，而且要背靠樹林，有良好的依托，這就是沼澤地區作戰的要領。如果不熟悉山林、險阻、沼澤等地區的地形，不可貿然行動。

〔原　文〕

凡出軍行師，或遇沮澤之地，宜倍道兼行速過，不可稽留也。若不得已與不能出其地，道遠日暮，宿師於中，必就地形之環龜，形者中高四下為圓營，四面受制。一則防水潦之厄，一則備四圍之寇。法曰：歷沛澤，堅守環龜。

唐，調露元年，突厥阿史德溫傳反。詔吏部尚書右衛大將裴行儉，為定襄道行軍大總管討之。軍次單于界，比暮，已立營，塹壕即周。行儉更命徙營高岡。吏曰：「吏士安堵不可擾。」不聽，徙之。比夜，風雨雷霆暴至，前設營所，水深丈餘，眾莫不駭嘆。因問何以知其有風雨也，行儉笑曰：「自今但依我節制，毋須問我所由知也。」

〔譯　文〕

行軍作戰的時候，可能會遇上低窪、沼澤地帶，這時就要快速通過，不宜久留。若實在無法越過，或者是路途遙遠天黑走不出去，要在這裡紮寨安營，就必須依照地形呈龜狀駐紮營盤，形成中間高，四面環繞的圓形營盤。這樣，一則可以防水淹沒，二則可以防備四周的敵人。兵法中說：處在沼澤地帶，要堅守成環龜形狀的營盤。

唐代調露元年，東突厥阿史德溫傳叛亂，朝廷命令吏部尚書右衛大將軍裴行儉為定襄道行大總管前往征伐。部隊到了單于邊界，在黃昏的時候營寨已經安紮完畢，四周已挖好了塹壕。裴行儉卻下令把營寨遷往高崗處。

有位部將說：「官兵剛睡好，不宜打攪他們。」裴行儉不聽勸告，仍然遷移了地點。深夜，雷鳴閃電，狂風暴雨突然而起，先前紮營的地帶，積水一丈多深，大家無不稱贊遷營這一舉動。眾位請教裴行儉何以預料今夜有大雨，裴行儉笑著說：「從今之後，大家只管聽從我的安排，不須過問我為什麼這樣做的原因。」

沮澤之地　兼行速過

古代的軍事家們，對地形極為慎重，在《孫子兵法》中就有七八篇論到地形。

孫子認為：作戰時，不要靠近江河水邊列陣，在江河邊紮營，要居高向陽，不能在敵軍下游處逆水紮營。經過鹽鹼沼澤地帶，要迅速通過，如果在鹽鹼沼澤地與敵遭遇，必須靠近水草背靠樹林，此乃鹽鹼沼澤地帶行軍作戰之原則。

駐軍要擇乾燥的高平地帶，避開潮濕低窪地帶，重視東南向陽方向，避開西北陰暗地面，駐紮於生活便利和地勢高處，使人馬得以休息，軍需供應充足，將士不生各種疾病，這是取勝的重要條件。

三國時期，孫權計奪荊州，關羽敗走麥城。關羽死後，孫權將關羽的頭顱獻給了曹操，企圖嫁禍曹操。曹操識破孫權詭計，以重禮安葬關羽。蜀中人知道後，都對孫權恨之入骨。

劉備為給關羽報仇，不聽諸葛亮和上將趙雲的苦苦勸說，率水陸兩軍四萬多人馬，遠征吳國。劉備深入吳境數百里，在夷道縣（今湖北宜都）包圍了東吳先鋒孫桓。

東吳諸將紛紛要求主將陸遜派兵增援孫桓，陸遜認為孫桓能夠守住夷道，一概拒絕；諸將又要求去迎擊劉備，陸遜認為劉備連克吳軍，士氣正旺，吳軍不宜出戰，因此，也拒絕了諸將的建議。

就這樣，蜀軍與吳軍從西元二二二年的二月一直對峙到六月，吳軍沒有退後半步，蜀軍也未能前進一步。

時值盛夏，烈日當空，蜀軍水兵在船上難奈酷熱，只得離船上岸，在夷陵一帶依溝傍溪紮下營寨，躲避酷暑。陸遜見劉備的軍營綿延百里，且都在樹林茂密的地方，於是制定了火攻破蜀的計劃。他命令水路士兵用船艦裝載裹有硫磺、硝石等引火物的茅草運到指定地點；又命令陸路士兵數千人拿著茅草到指定地點去放火。

這一天傍晚，蜀軍相連的數十座軍營自東向西北連續起火，蜀軍毫無防備，亂作一團，幾十座軍營全被燒毀，陸遜乘機掩殺，蜀兵死傷無數。

劉備在眾將的拼死保護下好不容易逃到夷陵馬鞍山（今湖北宜昌西北），陸遜隨後追至，將馬鞍山團團圍住，又在山下四周放起火來。

劉備束手無策，只好連夜逃離馬鞍山，殺開一條血路，向西逃命。吳軍緊追不捨，蜀將傅彤身負重傷仍拼死搏殺，劉備這才幸免一死。

劉備因怒出兵，大敗而歸，蜀國元氣大傷。劉備逃到白帝城後，又氣又悔，不久就一病而死。

爭戰第三十三

爭奪地帶不貿然進擊

欲超凡脫俗，惟力從真、雅、淡、重、化五字做起。

力爭一個「真」，則可破天下之偽，充天下之虛，真於言、真於情、真於心、真於神，無做作，自然而然。

力爭一個「雅」，則可破天下之俗，醫天下之鄙，雅於言、雅於行、雅於事，自可風度翩翩，不同凡響。

力爭一個「淡」，則可破天下之貪，治天下之污，淡於名、淡於利、淡於情、淡於得，自可不即不離，不黏不脫。

〔原　文〕

凡與敵戰，若有形勢便利之處，宜爭先據之，以戰則勝。若敵人先至，我不可攻，候其自變，則擊之乃利。法曰：爭地勿攻。

三國，魏，青龍二年，蜀將諸葛亮出斜谷。這時，魏將司馬懿屯渭水。郭淮策亮必爭北原，宜先據之，議者多不謂然。淮曰：「若亮跨登渭原，連兵山北，隔絕隴道。搖蕩民心，此非國之利也。」懿善之。淮遂屯北原，塹壘未成，蜀兵大至，淮遂逆擊之。後數日，亮盛兵西行，淮將皆以為欲西圖，淮獨以亮見形於西，欲使兵衆應之，必北攻耳。其夜，果攻陽隧，有備不敗。

〔譯　文〕

同敵人作戰時，如果有地勢便利之處，宜當搶先佔領，依據這種地形作戰就能取勝。如果敵人搶先佔領了有利地形，我軍就不宜攻擊，宜當等待敵人內部發生變化，再發動攻擊才能取勝。兵法上說：對於爭奪地帶不能貿然進擊。

三國時代，魏青龍二年（西元二三四年），蜀國丞相諸葛亮統領兵馬出斜谷（今陝西眉縣西南）。當時，魏國將領司馬懿駐紮在渭水，部將郭淮推測諸葛亮必然要爭取北原，建議搶先佔領。參加議論的人都不以為然，郭淮說：「如果讓諸葛亮佔領了渭河高原，連接上北山，切斷隴南道路，民心就會動搖，這樣對國家是很不利的。」司馬懿認為郭淮的話很正確，便命令他帶兵防守渭北高原。防守的工事還沒有完成，蜀軍便蜂湧而至，郭淮便率軍迎戰。過了幾天，諸葛亮率領主力突然向西攻擊，郭淮屬下將領都認為諸葛亮會向西進兵，只有郭淮認為諸葛亮是故意向西進兵，目的是為了把魏軍引向西邊，然後再向北邊進擊。那天夜裡，諸葛亮果然攻打陽遂，由於魏軍有了準備，終於沒有遭受失敗。

便利之處　爭先據之

對於作戰雙方的勝負起著至關重要作用地帶，往往是兵家必爭之地。所謂戰爭，本身就包含著爭地、爭物資，而戰爭的成敗又取決於誰爭得先機。

孫子認為：我軍搶先佔領對我軍有利地區，敵軍搶先佔領對敵軍有利地區就是「爭地」。「爭地」不宜在被動情況之下進攻，以免延誤戰機。遇「爭地」，我軍要迅速迂迴到敵後，做到後發先至。劉伯溫認為爭地勿攻，候其自變，這是解決爭地被敵軍佔領情況下的一種對策，有著很強的實用性。

諸葛亮出兵伐魏，司馬懿屯兵渭水。魏將郭淮具有料敵在先的才能，認定五原乃兵家必爭之地，搶先佔據，諸葛亮也無計可施，用誘敵之計又被郭淮識破，只好無功而返回，這就表明爭地在戰爭中的重要作用。

東漢初年，塞外羌人經常入侵內地：漢光武帝劉秀派大將馬援任隴西太守，平定諸羌。各部落羌人聞知馬援到來，用輜重、樹木堵塞了允吾谷（今青海樂都會近）通道，企圖憑借險隘，頑抗到底。馬援對隴西的地形瞭如指掌，如今羌人佔有利地形，人數又多，如果一味硬攻，肯定要吃大虧。於是，他一面派一員部將率部分兵力在正面進行佯攻，以吸引羌人；一面親率主力部隊在當地漢人嚮導的指引下，巧妙地利用山谷中的小道作掩護，悄悄地迂迴到羌人的大本營後面，然後突然發起進攻。

羌人倉惶應戰，狼狽潰逃。但羌人對地形更熟悉，他們迅速重新集結，憑借山高地險的優勢，以逸待勞，與馬援形成對峙。

馬援在山下正面安營下寨，並不急於進攻，到了夜間，馬援挑選精銳騎兵數百名，利用夜幕作掩護，神不知鬼不覺地繞到山後，摸入羌人的營中放起火來，山下正面的漢軍乘機擂鼓助威、齊聲吶喊。

羌人不知漢軍的虛實，亂作一財，紛紛離山逃遁。馬援揮軍追殺，大獲全勝。

羌人退回塞外後，經過一年的準備，以參狼羌為首的諸羌聯合在一起，再次侵入武都（今甘肅成縣西）。馬援聞報，率四千人馬前去平息，雙方在氐道縣（今甘肅禮縣西北）相遇。

羌人再次憑借有利的地形，據險而守，任憑漢軍百般挑戰，就是穩坐山頭不戰。馬援在詳細勘察了羌人的據守情況和周圍的山勢地形後，發現了羌人有一個致命的弱點：水源不足。

馬援指揮部隊奪取了羌人僅有的幾個水源，斷絕了羌人的水和糧草，沒過多久，羌人即不戰自潰：一部分羌人投降了馬援，大部分羌人遠遁塞外。隴西從此安定下來。

地戰第三十四

天時不如地利

地形是用兵作戰的重要輔助條件，知天知地，勝乃不窮。兩軍交戰，地不兩利。若我先得地利，敵受我制。失之地利，士卒受惑，三軍困敗。饑飽勞逸，地利為寶。

凡是作戰的方法，都以地形為主，虛實為佐，變化為輔，不可專守險以求勝。古人云：不務天時，則財不生；不務地利，則庫不盈。

〔原　文〕

凡與敵戰，三軍必要得其地利，則可以寡敵衆，以弱勝強。所謂知敵之可擊，知吾卒之可以擊，而不知地利，勝之半也。此言即知彼又知己，但不得地利之助，則亦不能全勝。法曰：天時不如地利。

晉，武帝討南燕，慕容超召郡臣議拒晉師。公孫五樓曰：「晉師勁果，所利在速戰，初鋒勇銳，不可擊也；宜據大峴，使不得入，曠日延時，阻其銳氣，可徐揀精兵二千騎，循山西南，絕其糧道，別遣段暉率諸州之軍，緣山東下，腹背擊之，此上策也。各命守宰依險自固，較其資儲之外，餘悉焚蕩，芟除粟苗，使敵人來無所資，堅壁清野，以待其釁，中策也。縱賊入峴，出城迎戰，下策也。」超曰：「京都富盛，戶口衆多，非可以一時入守；青苗布野，非可猝芟；設使芟苗、守城，以全性命，朕所不能。據五州之強，帶山河之固，戰車萬乘，鐵馬萬群，縱令過峴，至於平地，徐以精兵蹂之。必成擒也。」慕容鎮曰：「若如聖旨，必須平原十里而軍。軍壘成用馬為便。宜出峴，逆戰而不勝，猶可退守，不宜縱敵入峴，自貽窘逼。昔成安君不守井陘之險，終屈於韓信；諸葛瞻不守劍閣之險，卒擒於鄧艾。臣以天時不如地利也，阻守大峴，策之上也。」超又不從。為攝莒、梁父二戍修城隍，揀士馬，蓄銳以待之，其夏，晉師已東克，超遣其左軍段暉等步騎五萬，進據臨朐。俄而晉師渡峴，慕容超懼，率兵四萬就段暉等，於臨朐戰敗，超奔廣固，數日而拔，燕地悉平。

〔譯　文〕

同敵人作戰時，軍隊必須佔據有利地形，這樣就能以少勝多，以弱勝強。所以說了解敵人可以攻擊，了解自己的戰士可以攻擊，但是不了解利用有利地形，取勝的把握佔占一半。即使知己知彼，但是不能利用地形的有利條件，那麼仍然不能全勝。兵法上說：天時不如地利。

東晉時期，武帝劉裕攻伐南燕時，南燕皇帝慕容超召集群臣商議抵抗晉軍的策略。公孫五樓說：「晉軍強大，利處在於速戰，剛來時勇猛十足，不能攻擊，應該據守大峴山（今山東臨朐縣內），使晉軍不能進攻過來，這樣拖延了時間，就挫傷了他的銳氣。然後再挑選精兵二千，沿著大峴山南下，切斷晉軍糧道，再派遣段暉統領各州軍隊，沿著大峴山東下，腹背夾擊晉軍，這是上策。命令守軍依靠險阻地形，各自堅固把守，把必要的錢糧藏備起來，其它的全部燒毀，鏟除青苗，使敵人到達之後，什麼也得不到，堅壁清野，等待時機。這是中策。讓敵人過峴山，出城迎戰，這是下策。」慕容超說：「都城富裕昌盛，人員眾多，堅守城池一時內難以做到，青苗遍野，一時也難以鏟除，就是能鏟除青苗，以堅守城池來保全生命我也不能這樣做。我國據有五州強地，控制著險要的山川，有戰車萬輛，鐵騎萬群，即使敵軍越過峴山來到平地，我們用精兵慢慢地攻擊他，也必然能全部俘獲敵人。」慕容鎮說：「如果依照您的意思去做，必得在平原地帶十里三外紮寨安營，營寨安紮好之後，使用騎兵比較方便，因此，最好是走出峴山之外，這樣就是在交戰時不能取勝，也能夠退守。不能將晉軍放進大峴山，給自己造成被動。從前趙國成安君不防守井陘的險要地帶，終究被韓信所征服。諸葛瞻不守衛劍閣的險要地帶，終於被鄧艾所擒獲。我認為天時不如地利。據守大峴山，實在是上策。」慕容超還是不聽從，並命令攝莒、梁父二軍修整城牆與護城河，選擇宮兵與戰馬，養精蓄銳等候敵人。

當年夏天，晉軍攻破東邊陣地，慕容超便命令左軍段暉等步兵五萬駐紮到臨衢。過了不久，晉軍越過了大峴山，慕容超驚慌起來，慌忙率四萬人馬支援段暉，在臨衢戰敗。慕容超逃奔到廣固堅守，過了幾天又被晉軍打敗。南燕終於被晉國吞併。

以其地利　以弱勝強

古今中外的歷代兵家，對地形、地利問題都高度重視，幾乎所有兵書都論述到這一至關重要問題。

地形是用兵的主要輔助條件。正確判斷敵情奪取勝利，考察地形的險隘與計算路程的遠近，這些都是為將者必須掌握、做到的。懂得地形、敵情去指揮作戰必能取勝，不懂地形、敵情去指揮作戰必定失敗。《衛公兵法・將務兵謀》篇指出：「凡戰之道，以地形為主，虛實為佐，變化為輔，不可專守求勝也。」《軍志》說：「失地之利，士卒迷惑，三軍困敗，饑飽勞逸，地利為寶。」

古人云：「不務天時，則財不生；不務地利，則庫不盈。」在企業經營時，地形地利同樣有不可忽視的意義，我們把古代軍事藝術中有關地形、地利的謀略運用於經營活動中，則可避免挫折和損失，能使自己的企業在競爭中發展開來。然而地形、地利的自然地理條件，與各種政治、經濟、文化、交通等條件，對各種經營的成敗，同樣有著至關重要的影響。

山戰第三十五

無論是山林，還是平原，都要搶佔制高點

身居顯位高官之人，要保持一種隱居山林，淡泊名利的思想。隱居在田園山林之人，必須要有胸懷天下，治理國家的雄心壯志。山的高峻處無樹木，而溪谷環繞之處則草木叢生；水的湍急之處無魚，只有水深平靜的湖泊魚類才能大量生長繁殖。山勢過高，水流過急都是不能容納生命萬物之處。

〔原　文〕

凡與敵戰，或居山林，或居平陸，須居高阜。恃於形勢，順於擊刺，便於奔衝，以戰則勝。法曰：山上之戰，不仰其高。

戰國，秦伐韓。韓乞軍於趙，王召廉頗而問曰：「可救否？」曰：「道遠路狹，難

救。」又召樂乘而問曰：「可救否？」樂乘對如頗言。又召趙奢問，奢曰：「道遠險狹，譬如兩鼠鬥於穴中，將勇者勝。」王乃令奢將兵救之。

去趙國都三十里，壘而不進。令軍中曰：「有以軍事諫者死。」秦軍武安。有一人諫，奢立斬之。堅壁留二十八日不行，復益增壘。

秦間來入，趙奢善食而遣之。間以報秦將，秦將大喜，曰：「夫去國三十里，而軍不行，乃增壘，非救韓，衛趙地也。」趙奢即遣秦間，乃卷甲而趨之，一晝夜至。秦聞之，悉甲而至。軍士許歷請入諫，趙奢納之。許歷曰：「秦人不意趙師至此，其來氣盛，將軍必厚集其陣以待之，不然必敗。」奢曰：「請受教！」歷曰：「請受刑！」奢曰：「須後令至邯鄲。」歷復請曰：「先據北山者勝，後至者敗。」趙奢曰：「諾。」即發萬人趨之。秦兵後至，急山不得上，奢縱兵擊之，大破秦兵，遂解其圍。

〔譯　文〕

凡是同敵人作戰，無論是山林，還是平原地帶，都必須搶佔制高點，依賴著有利的地形地勢，便於進攻與退守。這樣作戰就能取勝。兵法中說：在山岳叢林地帶打仗，不可仰視高處而作戰出擊。

戰國時代，秦國征討韓國，韓國向趙國求救。趙王便召見廉頗問他：「可以救助韓國嗎？」廉頗回答說：「道路遙遠且窄小，難以相救。」趙王又召見樂乘問說：「可以救助韓國嗎？」樂乘的回答與廉頗相同。趙王再召見趙奢來問，趙奢說：「路途遙遠且險窄，如同兩隻老鼠在洞穴中相爭鬥，勇者必勝。」趙王便命令趙奢領兵救助韓國。

趙奢在離開趙國三十里後，便安營紮寨不前進，而且下令說：「有再為戰事而進諫的人死罪。」這時候秦國也停止了進攻韓國。有人進營提出進兵，趙奢立即下令斬首。牢固安營於此地二十八天不進一步，每天還在增防設壘。

秦軍派出間諜來打聽消息，趙奢用美酒佳肴招待而送回他們，間諜把這些情況報告了秦國主將，秦將高興地說：「趙軍離開趙國三十里就停止不前，增防設壘，目的不是為了救援韓國，而是為了保衛自己的領土。」趙奢待秦軍間諜走後，立即收拾武器裝備向秦軍之地急進，一晝夜便到了目的地。秦軍探到這個消息，也用全部兵力來交戰。

軍士許歷請求進諫，趙奢同意了。許歷說：「秦軍覺得趙軍來到這裡出乎意料，但秦軍來勢凶猛，將軍必須嚴陣以待，不然就會失敗。」趙奢說：「請你指教。」許歷說：「請求處罰我。」趙奢說：「到邯鄲之後再說吧。」許歷又請求說：「先必須搶佔北山就能取得勝利，後到北山就會失敗。」趙奢說：「極對。」立即發兵一萬搶佔北山。秦軍遲到一步，爭奪北山不能成功。趙軍居高臨下，揮兵猛擊，秦軍大敗，韓國之圍解除了。

山上之戰　不仰其高

《孫子兵法・行軍第九》篇中說：「在不同地形上怎樣據守，怎樣布置軍隊，觀察判斷敵情虛實呢？」

經過山地，要靠近有水草山谷行進；部隊駐紮時，要選擇居高向陽的地方。如果敵人佔領高地，不能仰攻，這些是山地行軍作戰的據守原則。冷兵器時代作戰，靠的是短兵相接的搏擊戰，地形地勢的優劣往往在瞬息之間決定勝負，士兵作戰對地形地勢的依賴性很強，可謂居高臨下，總攬全局。

明智的將帥在行軍、作戰的過程中，都十分重視擇取高地，以便防守進攻。孫子說：「凡軍好高惡下。」

劉伯溫發展了孫子在山地作戰的居高觀念，認為在平原地帶或丘陵地帶同樣要搶奪制高點。搶佔了制高點，就可造成勢如破竹的局面，兵力所佔據的位置不同，所產生的效果也有很大差異，所以要想贏得勝利，先應謀策布局，創造有利環境。

谷戰第三十六

安營紮寨　必須依靠山谷

戰爭中經過山地時，要靠近有水草的山谷行進。駐紮時，要選擇位置較高的朝陽地帶，便於進退，可攻可守。在谷地作戰，受空間與時間的束縛，故作戰謀劃非常重要。

〔原　文〕

凡行軍越過山險而陣，必依附山谷，一則利水草，一則附險固，以戰則勝。法曰：絕山依谷。

後漢將馬援為隴西太守，參狼羌與塞外諸種為寇，殺長吏。援將四千餘人擊之，至氐道縣。羌在山上，援軍據便地，奪其水草，不與戰，羌遂窮困，豪帥數十萬戶亡出塞外，諸種萬餘人悉降。羌戰不知依谷之利，而取敗焉。

〔譯　文〕

部隊在行軍作戰越過山險安營紮寨時，必須依靠山谷，一則可以得到水、草的便利，二則可以憑藉山頭險阻固守陣地，這樣作戰就能取勝。兵法中說：通過山地時要靠近有水、草的山谷。

東漢名將馬援擔任隴西太守時，參狼羌人同塞外一些少數民族入侵，殺死了地方官員。馬援領導四千多人馬出擊，追趕到氐道縣（今甘肅武山縣東南一帶），羌人佔據了山頭。馬援的軍隊佔據了有利的山谷之地，斷絕了羌人所需要的水草，卻不同敵人接戰，羌人便陷入窮困之地。羌人首領帶著幾十萬戶逃往塞外，其它少數民族一萬多人全部投降。這就是羌人不知道依靠山谷的大利之處，所以導致失敗。

越過山險　必附山谷

部隊行軍作戰，行進在山區險要地帶時，安營紮寨，排列陣式，一定要依托山谷，一則可得充足的水草之利，二則依靠山谷也能形成戰略上的險固要地，這樣作戰必能獲勝。

古代作戰，對天然險阻必得依賴和重視，往往要憑藉江河山川險阻作為屏障，進行攻擊或是防守。古時代的重大戰役往往與利用地形、地勢大有關連。在山谷地帶作戰，侷限於空間與時間，作戰的謀略很緊要。

劉伯溫從谷戰中總結出兩條經驗：一是水草之利，二是憑山險固守。表明從孫子到劉伯溫時代戰爭已發生根本性的變化。

馬援，稱為伏波將軍，是漢代名氣很高的軍事家，一生頗通兵法。我們從殲滅羌軍的戰鬥中就能領略到他用兵有方、策劃有度的高深指揮水平。

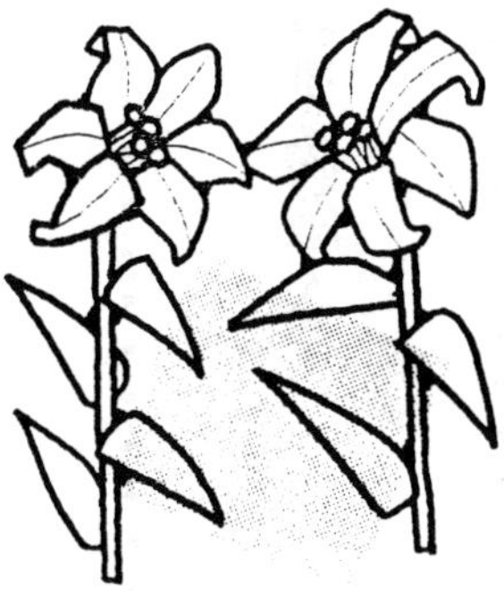

攻戰第三十七

上等的策略是用計謀戰勝敵人

善用兵者的最上策是用謀略戰勝敵人，其次是用外交手段，再次者是用強大的兵力，最下策乃是攻奪敵人的城堡。

攻心爲上，攻城爲下。攻城是萬不得已之事。然攻城則不怕堅，攻書本則不畏難，科學中的險阻，惟刻苦攻搏才能拿下。

攻是一種奮發向上的進取精神，攻是一種英雄之氣概，攻就得具備堅持到底，毫不動搖的決心。

〔原文〕

凡戰，所謂攻者，知彼者也。知彼有可破之理。則出兵以攻之，無不勝。法曰：可勝者攻也。

三國，魏曹操遣朱公為廬江太守，屯皖。大開稻田，又令間人招誘鄱陽敗歸者，使作內應。吳將呂蒙曰：「野田肥，若一收熟，彼眾必爭；如是數歲，曹難制矣，宜早除之。」乃具陳兵狀。於是孫權親征，一朝夜至。問諸將計策，諸將皆勸作高壘。

蒙曰：「治壘必歷日秘成。彼成備已修，外救必至，不可力也。且乘雨水以入，若淹留經日，必須盡還；還道艱難，蒙竊危之。徐觀此城不甚固，以三軍銳氣四面攻之，不移時可拔，及水未漲而歸，全勝之術也。」吳主權從之。蒙乃薦甘寧為外城都督，率兵攻其前，蒙以精銳繼之。侵晨進攻，蒙手執桴鼓，士卒皆騰踴自升，食時破之。即而張遼至夾石，聞城已拔，乃退。權嘉蒙功，即拜廬江太守。

〔譯　文〕

雙方交戰時，所謂進攻的一方，也就是說知道敵人的一方。明白敵人有可以攻擊的弱點之處，立即出兵攻擊他，這樣就會戰無不勝。

兵法上說：要想戰勝敵人就必須攻擊它。

三國時代，魏帝曹操任命朱公為廬江太守，駐紮在皖（今安徽潛山）。朱公大面積種植水稻，並派間諜招引鄱陽敗逃的人員，讓他們作為內應。吳國將領呂蒙報告孫權說：「田野肥沃，如若有一個好年成，魏軍必定更加大面積開墾。這樣有幾年工夫，想制服曹操則更困難了，您必須趁早除去禍患。」呂蒙又詳細列舉了用兵的情況，孫權便親自領兵出征，一晝夜就到達前線。孫權向各位將領詢問計謀，大家都勸諫他修築工事作好攻城準備。

呂蒙說：「修築工事必得有幾天時間才能完成，等攻城的工事修築好了，敵人的防禦工事也完成了，外援的部隊一到達，城就攻不下了。而且乘雨水季節入城，如果水在城裡淹沒數天，我軍就得全部撤退。而那時退路又困難重重，我個人認為是很危險的。我經過詳細觀察，這座城並不是很牢固的，憑我軍的銳氣從四面攻擊，可能用不了多長時間就能攻破，不等漲水就可以退回，這才是取勝的上策。」孫權採納了他的計謀。呂蒙便推薦甘寧為外城都督，領兵在前方攻擊，自己率領精兵繼後。決定天明前進攻，呂蒙親自掌桴擊鼓；戰士個個爭先登城，一頓飯時間就攻下了城。等魏將帶著援軍到夾石時，聽說城已經被攻下了，馬上退回。事後孫權為呂蒙記功，並拜他為廬江太守。

知彼可破　出兵攻之

作戰時，要權衡利害之後再採取行動，要以迅速的行動戰勝敵人。如果曠日持久則使甲兵鈍弊，國家財政耗費，部隊銳氣挫傷，戰鬥力耗盡，就使敵情發生變化，錯過戰機，喪失固有的有利條件。

因此，善於指揮作戰的將帥，一旦發現敵人的弱點，就會攻擊它不放鬆，追擊它不放跑，逼迫它不放走。所以說，兵貴神速，要乘敵人措手不及時猛擊。

戰爭是力量的抗衡，速度的角逐，時間的比賽。時間就是軍隊的生命，軍隊必須有嚴格的時間概念，軍事行動，一要快，二要準。行動遲緩，鬆垮疲沓，缺乏時間觀念的軍隊，難以打勝仗。作戰中的關鍵時刻，搶得時間就是勝利的保證。有時即使增加兵力都不能解決問題。正所謂一時有錯，全局皆輸。

時間就是生命，效率就是金錢。這句企業界的口頭禪，如同用兵作戰，一個企業不能搶時間，爭速度，提高生產效率，就有垮臺倒閉的危險。而在軍隊中，在單位時間裡的反應能力，則是衡量戰鬥力的重要尺度。

守戰第三十八

無必勝把握，必須暫作防守

口是心靈的大門，若大門防守不嚴，則將心中的機密全部泄露；意志是心靈的雙腳，若不能堅定持守，則可能誤入歧途。言必信，行必果；令必行，禁必止。這正是領導者守信立信的結果。如果貪得無厭，作惡多端，即使把守著金屋也空虛難耐，若能樂天知命毫無邪念，即使住草屋也會感到愉悅充實。

〔原　文〕

凡戰，所謂守者，知己者也。知己有未可勝之理，我且固守，待敵可破之時，則出兵以攻之，無有不勝。法曰：知不可勝則守。

漢景帝時，吳楚七國反，以周亞夫為太尉，東擊吳楚七國。因自請於上曰：「楚兵剽輕，難與爭鋒。願以梁委之，絕其食道，乃可制也。」上許之。

亞夫至，會兵滎陽。吳方攻梁；梁急請救於亞夫。亞夫率兵東北走昌邑，堅壁而守。梁王使使請亞夫，亞夫守便宜不往救。梁上書於景帝，帝詔亞夫救梁。亞夫不奉詔，堅壁不出，而使高侯等將輕騎，絕吳楚兵後食道。吳楚兵乏糧，饑欲退，數挑戰，終不出。

夜，亞夫軍中驚亂，自相攻擊，至於帳下，亞夫堅臥不起，頃之自定，吳奔壁東南陬，亞夫使備西北。已而吳兵果奔西北，不得入。吳楚兵饑，乃引兵退。亞夫出精兵追擊，大破之，吳王濞棄其軍，與壯士數千人，亡走，保於江南丹徒。漢兵因乘勝追擊，盡獲之，降其郡縣。

亞夫下令：「有得吳王者賞千金。」月餘，越人斬首以告。凡相攻守七日，而吳楚平。

〔譯　文〕

雙方交戰時，所謂防守的一方，就是了解自己的一方。懂得自己無必勝的把握，必須暫時防守。等到有攻擊的機會，再盡力一擊，這樣一定能取勝。兵法上說：要想不被敵人戰勝，就必須採取防守。

西漢景帝時期，吳、楚等七國叛亂。景帝便任命周亞夫為太尉，領兵向東征討七國的叛亂。周亞夫便請求景帝說：「楚軍行動快捷，難以同他們正面交戰。我想先將梁國暫時拋棄給他，然後迂迴繞道切斷吳、楚軍隊的糧道，這樣就能克敵制勝。」景帝答應了。

周亞夫上任後，就在滎陽集中了部隊。這時候吳軍正在攻打梁國，梁國危在旦夕，便向周亞夫救援，周亞夫率領兵力從東北方到昌邑堅壁防守。梁王又派使者向亞夫救援，周亞夫為了便於推行堅守戰術，還是不肯援救。

梁王便上書送給景帝，景帝下令周亞夫去援助梁國。周亞夫拒絕了詔書，仍然是堅固防守不出戰，只是命令高侯等人帶著輕騎部隊去吳楚後方切斷他們的糧道。吳楚之軍缺糧饑餓，想撤退，數次向周亞夫挑戰，周亞夫始終堅守不戰。

有天夜間，周亞夫的軍隊出現騷亂，官兵相互攻打，一直鬧到他的營帳前，他仍然不起床，過不多久騷亂也就停止了。吳軍到城東挑戰，周亞夫卻下令防守西北。一會兒，吳軍果然奔向西北，仍然攻不進城。

吳楚部隊饑餓難忍，便全軍向後撤退。周亞夫發動精兵追擊，吳楚軍隊大敗。吳王濞丟下他的部隊，只帶領幾千名精兵逃跑，退守江南丹徒（今江蘇鎮江市東）。漢軍乘勝追擊，吳軍全數被俘，吳國的郡縣也全都收服。

周亞夫發出告示：「有人捉住吳王濞賜賞千金。」一個月後，有個越國人斬殺了吳王濞的頭前來報告。漢軍與吳楚經過七個月的攻守戰爭，終於平定了吳楚。

我且固守　待敵可破

戰爭中的守，絕非單純意義上的被動防守。《孫子兵法》云：「不可勝者，守也；可勝者，攻也。」就是說在沒有戰勝敵人的把握時，暫且採用防守，等到有戰勝敵人的機會時，再採用攻勢，並非專以力量的強弱而論。

應怎樣防守呢？明代何守法《投筆膚談》中說：「善於防守的將領，封鎖險隘阻擊敵人，堅壁清野禦備敵人，斷敵糧源饑餓敵人，襲擊營寨擾亂敵人，攻敵巢穴牽制敵人。等待敵人撤兵，而後突然襲擊敵人。」

防守就是抵禦，在抵禦中包含著等待，我們認為防守的主要特徵，亦是防守中的主要優點。就是力量薄弱者進行防守，也應擁有能影響與威脅敵人的手段。所以防守決不是消極的防守，而是從側面、反面攻擊敵人，就是敵人在進攻時也可以這樣做。所以宋代陳規說：「守中有攻，可謂善守城者也。」

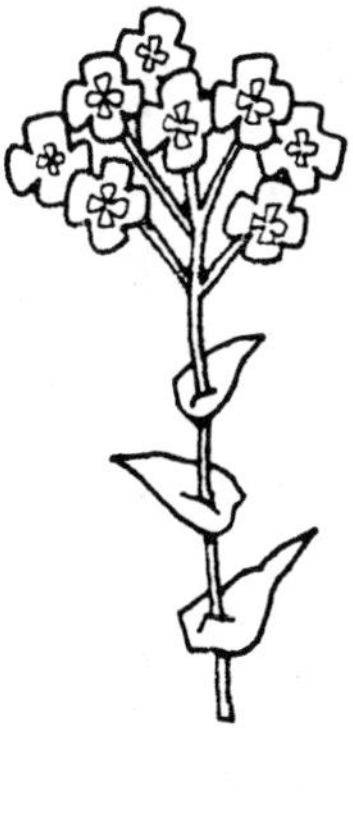

先戰第三十九

把握先機　快速出擊

能先天下即能領天下，能先敵即能制敵，先發制人，後發制於人。

欲在人世間創業立功亦然，務須處心積慮，占衆人之機先，而不爲衆人之牛後；務使人隨我，而我不隨人，方爲英雄豪傑之行徑。

先知覺後知，先覺覺後覺。欲要領袖他人、領袖天下，就必得有先知之聰，先見之明，才能使人永遠追隨而不能領先。

〔原　文〕

凡與敵戰，若敵人初來，陣勢未定，行陣未整，先以兵急擊之，勝利。法曰：先人有奪人之心。

春秋，宋襄公及楚人戰於泓，宋人既成列，楚人未既濟。司馬子魚曰：「彼衆我寡，及其未既濟，請急擊之。」公弗許。既濟未成列，子魚復請，公復未之許。及成列而戰，宋師敗績。

〔譯　文〕

凡是與敵人作戰的時候，如果敵人剛到，陣勢還未確定，隊形還未整頓，我軍就要把握住先機，快速出兵攻擊敵人，就一定會取勝。

兵法上說：先發制人就可以奪取敵人的軍心。

春秋時期，宋襄公帶著軍隊同楚軍在泓水地區作戰，宋軍已經擺好陣勢，楚軍還沒渡過泓水河。司馬子魚說：「楚軍人員眾多，而我軍人少，現在趁敵人還沒有全部渡過泓水，請求您趕快下令出擊。」宋襄公不答應。楚軍全數渡過泓水，還沒有擺好陣勢，子魚又請求出擊，宋襄公還是不答應。等到楚軍擺好陣勢才命令出戰，結果宋軍大敗。

行陣未整 先兵急擊

用兵作戰的要訣是：先發制人，先聲奪人。欲在先字上著手，必須掌握作戰的先聲、先手、先機、先天。

先聲就是在聲勢上首先壓倒敵人。先手就是交戰時搶先下手。先機就是把握住作戰良機。先天，不用爭奪而制止爭奪，不用戰爭而制止戰爭，胸中早有「不戰而屈人之兵」的韜略。

作戰中先發制人極重要，而在先發制人的各種手段中，先天尤為重要，誰掌握了先發制人，先聲奪人的要訣，誰就有取勝的希望。

謀略中的要訣，以務能收先制之利為首要，亦就是人們所說的「制敵先機」的原理。這個先是先敵而不隨敵，制敵而不制於敵。

鬼谷子說：「道貴制人，不貴制於人也。制人者握權，制於人者失命。」

要想制敵，貴在取先。先敵一著便容易制敵，後敵一著，則受制於敵。

所以，天玄子說：「夫策謀定略，得天下之先者勝，隨天下之後者敗。能動天下者勝，動於天下者敗。」能先天下就能領導天下，能先敵，就能制敵。欲在人世間創大事、立大業、成大功者同樣如此。

後戰第四十

以靜制動　後發制人

人皆取先，我獨取後。不敢爲天下先，這就是後發制人，以靜制動，以實制虛的秘訣。

觀天下之變，待天下之動，我便乘機而制之，這就是翻後著爲先著，以無算應有算之道。

妄爲先制，反爲敵制後。尤須明敵我之勢，權敵我之謀，量敵我之力，料敵我之情。

〔原　文〕

凡敵人若行陣整而且銳，未可與戰，宜堅壁待之。候其陣久氣衰，起而擊之，無有不勝。法曰：後於人以待其衰。

唐，武德中，太宗圍王世充於東都。竇建德悉衆來救，太宗守武牢以拒之。建德陣汜水東，彌亙數里，諸將有懼色。太宗將數騎登高以望之，謂諸將曰：「賊起山東，未見大敵。今渡險而囂，是軍無政令；逼城而陣者，有輕我之心也。我按兵不動，待彼氣衰，陣久、卒饑必將自退。退而擊之，何往不克？」

建德列陣自卯至午時，卒饑倦皆列坐，又爭飲水。太宗令宇文士及率三百騎，經賊陣之西馳而南。誡曰：「賊若不動，止，宜退歸；如覺其動，宜率衆出。」士及才過，賊衆果動。太宗曰：「可擊矣！」乃命騎將建旗列陣，自武牢乘高入南山，循谷而東，以掩賊背。

建德率其陣卻，止東原，未及整立，太宗輕騎擊之，所向披靡。程咬金等衆騎纏幡而入，直突出賊陣後，齊張旗幟，表裡俱奮，賊衆大潰，生擒建德。

〔譯　文〕

凡是敵人的陣行嚴整，士氣高昂，就不能同他作戰，最好是堅壁防守等待時機。待敵人列陣已久士氣衰退了，再發動突然進攻，則無往而不勝。兵法上說：後發制人要等到敵軍士氣衰退了再發動突然襲擊。

唐代高祖武德年間，太宗李世民把王世充圍困在東都（今洛陽）。竇建德帶著全數人馬來救援，太宗堅守武牢關以抵抗敵人。竇建德在汜水東邊列陣，陣勢長達幾里，唐軍一些將領面帶懼色。李世民帶著幾個人馬登高觀望敵陣，回來對各位將領說：「敵人自山東而來，沒有遇到過強敵。如今渡河涉險時而吵鬧不休，是軍隊政令不嚴明的表現；依著城邑而列陣，是他們的思想輕視我軍。我們現在按兵不動，等待他們列陣已久，士氣衰竭，兵馬饑渴了，肯定會自行撤退。在敵人撤退時再進攻，還怕不能戰勝他們嗎？」

竇軍從早晨列陣直到中午，士兵饑渴疲倦不堪，全數坐下來了，然後又爭先恐後地飲水。李世民便命令宇文士及率領三百騎兵，由敵陣的西面奔向南面，李世民並告誡他們說：「如果敵軍不動，你們就要停下來，最好是撤回來；如果敵軍有行動，就立即帶領部隊衝擊敵陣。」宇文士及帶領三百騎兵剛從敵陣西方經過，敵人果然騷動起來。李世民說：「可以出擊！」便立即命令騎兵將領立旗擺陣，從武牢山進發到南山，再沿著山谷向東進軍，從敵人背後掩殺過去。

竇建德只好領導部隊退到東原，還來不及整頓陣容，唐軍騎兵便向他發動衝擊。唐軍所向披靡，程咬金等將領率領騎兵部隊乘勢而入，突然出現在竇軍陣後，旗幟飛揚，裡外夾擊，竇軍大敗潰逃，竇建德被唐軍活活捉住。

行陣整齊　堅壁待之

避其銳氣，擊其惰歸，後發制人，乃後戰的基本思想。

明代揭暄子說：「形勢有不宜交戰的，關鍵在於能用『延』。敵人兵鋒銳利，要等它懈怠下來；敵人來犯兵力多，要等它分散開來；我軍增援部隊未到達，必須等其集中；新歸附的部眾還不能齊心協力，必須等他們對我信任；我方計謀還未考慮成熟，必須待其確定下來；時機不宜於交戰，暫且不打。用兵不高明者只注重於防守，所謂延，只不過勢在必戰而暫時推遲一下而已。若貪功逞能莽撞行事，必然要吃敗仗。」

然而老子曾言：「不敢為天下先。」乃是以靜制動，以實擊虛的道理。觀天下之變，待天下之動，乘機而制。

所以說：「人皆取先，己獨取後。」我有其實，即可乘動而制敵。這是翻後著為先著，以無算應有算的方法。所以既要料敵，又要料我，既要料敵中之變，又要料友之變。既須策敵，又須策我。備於不備，慮於不慮，料於不料，謀於不謀，方為全術、全勝之道。

奇戰第四十一

發現敵人虛處，我以奇兵出擊

善於出奇制勝之人，其變化如天地運行那樣變化無窮，如江河那樣奔流不息。鬼谷子云：正不如奇，奇流而不止者也，奇不知其所壅。奇正的變化，永遠不可窮盡，奇正之間的相互轉化如同順著圓環繞似的，無始無終，無人可究其窮盡。

〔原　文〕

凡戰，所謂奇者，攻其無備，出其不意也。交戰之際，驚前掩後，衝東擊西，使敵莫知所備，如此則勝。法曰：敵虛則我必為奇。

三國，魏景元四年，詔諸軍征蜀，大將軍司馬昭詣授節度使。鄧艾與蜀將姜維相綴連於雍州，刺史諸葛緒邀維，令不得歸。艾遣天水太守王頎等直攻維營，隴西太守牽洪邀其前，金城太守楊欣詣甘松。維聞鍾會諸軍已入漢中，退還。頎等躡於山口，大戰，維敗走。聞雍州已塞道，屯橋頭，從孔函谷入北道，欲出雍州後。諸葛緒聞之，卻還三十里。維入北道三十里，聞緒軍卻還，從橋頭過，緒趨截維，不及。維遂東還守劍閣。鍾會攻維未能克。

艾上言：「今敵摧折，宜遂從陰平由邪徑經漢陽亭趨涪，去劍閣西百里，去成都三百里。奇兵衝其腹心劍閣之守必還，赴涪，則會方軌而進；劍閣之軍不還，則應涪之兵寡矣。軍志曰：『攻其無備，出其不意』。今掩其空虛，破之必矣。」艾自陰平道，行無人之地七百餘里。鑿山通道，造作橋閣，山高谷深，而甚艱難；糧運將匱，頻至危殆。艾以氈自裹，推轉而下；將士皆攀木緣崖，魚貫而進。至江油，蜀守將馬邈降。

蜀衛將軍諸葛瞻自涪還綿竹，列陣待艾。艾遣子鄧忠出其右，師纂出其左。忠、纂戰不利。並退還，曰：「敵未可勝。」艾怒曰：「存亡之分，在此一舉，何不可之有?」乃叱忠、纂等，將斬之。忠、纂馳還，更戰奮勇，大破之，斬瞻，進軍成都。劉禪遣使請降，遂滅蜀。

〔譯　文〕

進攻戰中所謂的奇，就是出其不意，攻其不備。敵我交戰之時，在前面威逼敵人，從後面襲擊敵人。聲東擊西，使敵人不知在什麼地方設置防備，這樣就能取勝。兵法上說：發現了敵人的虛處，我就用奇兵消滅他們。

三國時期，魏國景元四年（西元二六三），元帝曹奐，下詔書命令各軍征討蜀國。大將軍司馬昭任命為節度使，魏將領鄧艾與蜀將姜維在雍州相對峙，刺史諸葛緒斷絕姜維於後軍，使其不能後退。鄧艾又命令天水太守王頎等人率軍直接攻擊姜維的營盤，命令隴西太守牽洪阻攔姜維的進路，命令金城太守楊欣到甘松防守。姜維得到魏國將領鍾會已經進軍漢中的消息，於是率軍退回。王頎等追蹤到了山口，同姜維大戰一場，姜維失敗而退。姜維得知去雍州的道路已被魏軍切斷，便屯兵於橋頭，從孔函谷進入北道，想進入雍州再撤退。諸葛緒聽到這個消息，把軍隊撤退三十里。姜維進入北道三十里，得到諸葛緒後退的消息，便又從橋頭通過。諸葛緒再出兵阻擊姜維，沒有追上。姜維又向東行進，退守劍閣。鍾會攻打姜維，不能取勝。

鄧艾向前傳話說：「現在要摧垮敵軍，最好從陰平出發，走斜路，經過漢陽亭去涪縣。這個地方於劍閣以西一百多里，成都以北三百里。用奇兵偷襲敵人的心腹地帶，劍閣守軍必然退走。如果敵軍退到涪縣，鍾會就能很快前進。如果劍閣守軍不撤退，那麼援救涪縣的兵員就很少了。《軍志》上說：『攻其不備，出其不意。』如今我們襲擊敵人空虛之處，必定能打敗他。」鄧艾便取道陰平，在無人行走的地帶跋涉七百多里。劈山開路，架梁建橋，途中山高谷深，十分艱難。再則糧食供應不上，部隊幾次面臨絕境。鄧艾用毛氈裹住自己，叫人推滾到山下。將士們都攀著樹木，沿著岩石魚貫而下。部隊到達江油縣後，蜀將馬邈投降。

蜀衛將軍諸葛瞻（諸葛亮之子）便從涪縣退守綿竹，布陣列勢，等待鄧艾。鄧艾命兒子鄧忠迎戰諸葛瞻右軍，師纂迎戰左軍。鄧忠、師纂雙方戰敗，一起退回，並說：「敵人不可戰勝。」鄧艾大怒說：「我軍生死存亡全在此一舉，還有什麼不能做到的嗎？」便罵鄧忠、師纂，並且要將他倆斬首示眾。鄧忠、師纂調轉馬頭，奮勇拼戰，蜀軍大敗，諸葛瞻被殺，魏軍進入成都，蜀國後主劉禪派人來求降。蜀國從此滅亡。

攻其無備　出其不意

出奇制勝、出敵不意，在戰略戰術上都有著重要作用，亦是奪取勝利的最有效因素。行動之中多少不一，都以出奇制勝，出敵不意為基礎。而出奇制勝、出敵不意在決定性的地點上取得優勢，有時是難以想像的。惟有能左右敵人的將帥，才能獲得出奇制勝、出敵不意的效果。進攻與防守都能採用這種方法，只是誰的措施最恰當，誰就可佔優勢。

任何一位使用出奇制勝、出敵不意的兵家，都不會拘泥於常規思維。任何一種奇謀妙策的運用，都是突破傳統邏輯的結晶。

俄羅斯的格魯季寧認為：「迅速採用突然襲擊的措施，可以瓦解敵人的意志，使其驚慌失措。」德國的軍事理論家克勞塞維茨說：「一切軍事行動，或多或少都是以出奇制勝、出敵不意為基礎，因為沒有它，想在決定性的地點上取得優勢簡直是不可想像的。」

正戰第四十二

兵無不正，無不奇；謀無不正，無不奇

正兵可變為奇，奇兵可變為正。兵無不正，無不奇，運用靈活微妙，正兵亦奇，否則奇兵亦正。

在政略上，謀無不正，無不奇，運用得靈活微妙，正謀也奇，不然奇謀亦正。用兵不盡用兵法，然無一莫非兵法。鄧廷羅認為：兵猶禪也，禪不悟不了，兵不悟不神；惟悟之為用，不可以言傳。

〔原　文〕

凡與敵戰，若道路不能通，糧餉不能進，計謀不能誘，利害不能惑，宜用正兵。正兵者，揀士卒，利器械，明賞罰，信號令，且戰且前，則勝矣。法曰：非正兵，安能致遠？

〔譯 文〕

在與敵人作戰時，如果道路不通，糧草接應不上，使用謀略也不能引誘敵軍，用利益也不能迷惑敵軍，這時就適宜用正兵。所說的正兵就是挑選戰士，武器裝備精良，賞罰分明，號令統一，既能敢於拼戰又能敢於衝鋒前進，這樣的軍隊就能奪取勝利。

兵法中說：不是正兵，哪裡能作遠征部隊呢？

不是正兵　安能致遠

正戰就是指戰爭中正統式的作戰方法。奇戰僅僅能獲取局部或暫時的勝利，而真正長遠與實質性的勝負，還需正戰來解決。

大凡作戰，一般都以正兵拒敵，用奇兵取勝。所以善於出奇制勝的將帥，其戰法變化就像天地那樣變化無窮，像江河那樣永不枯竭。作戰的戰術陣勢，不過「奇」、「正」兩種，然而奇正兩種變化則無窮無盡。

唐太宗說：「我的正，使敵視以為奇，我的奇，使敵視以為正，這就稱做有形者嗎？以奇為正，以正為奇，變化莫測，這就稱為無形者嗎？以奇為正者，敵意其奇，則我正擊之，以正為奇者，敵意其正，則我以奇擊之。」李衛公對說：「所以形之者，以奇擊敵，不是我方的正；勝利者，以正擊敵，不是我方的奇，這就是奇正相互變化的道理。」

唐朝安史之亂時，許多地方官吏紛紛投靠安祿山、史思明。

唐將張巡則忠於唐室，不肯投敵。他率領二、三千人的軍隊鎮守孤城雍丘（今河南杞縣）。安祿山派降將令狐潮率四萬人馬圍攻雍丘城。敵眾我寡，張巡雖取得幾次出城襲擊的小勝，但無奈城中的箭支越來越少，趕造又來不及。沒有箭，則很難抵擋敵軍攻城。

張巡想起三國時諸葛亮草船借箭的故事，頓時，心生一計。急忙命令軍中搜集秸草，紮成千餘個草人，給草人披上黑衣服，夜晚用繩子慢慢往城下吊。夜幕之中，令狐潮以為張巡又要乘夜出兵偷襲，趕緊命令部隊萬箭齊發，尤如暴風驟雨。就這樣，張巡輕而易舉地獲敵箭數十萬支。

天亮後，令狐潮知道自己中了計，氣急敗壞，悔之晚矣！

第二天夜晚，張巡又從城上往下吊草人。敵軍見後，哈哈大笑。張巡發現敵人已經被麻痺，就迅速吊下五百名勇士，敵軍仍不在意。在夜幕的掩護下，五百名勇士，以迅雷不及掩耳之勢，潛入敵營，打得令狐潮措手不及，營中大亂。趁此機會，張巡率領部隊衝出城外，殺得令狐潮大敗而逃，損兵折將，只好退守陳留（今開封東南）。張巡如此這般地巧用「奇兵亦正」之計保住了雍丘城。

虛戰第四十三

虛則實之，實則虛之

虛則實之，實則虛之，彼見為實，我令其為虛。我以正擊敵，使敵勢常虛，我以奇擊敵，則使我勢常實。

能審視虛實之情，為虛實之形，變虛實之勢，而因以為用，方為至善。

虛實之道，在於使我常實而敵常虛，再審知敵的虛實，從而部署我的虛實，並以我的虛實，擊敵的虛實。

〔原　文〕

凡與敵戰，若我勢虛，當偽示以實行，使敵莫能測其虛實。所以必不敢輕與我戰，則我可以全師保軍。法曰：敵不得與我戰者，乖其所之也。

三國，蜀將諸葛亮在陽平道，魏延諸將併兵東下，亮惟留萬餘守城。魏司馬懿率二十萬衆拒亮，與延軍錯道徑，前去亮軍六十里，候還白懿云：「亮城中兵少力弱。」亮亦知懿軍垂至，恐與己相逼，欲赴延軍，相去又遠，勢不能及。將士失色，莫知其計。亮意氣自若，敕命軍中皆偃旗臥鼓，不得妄出；又令大開四門，掃地卻灑。懿嘗謂亮持重，而復見以弱形，疑其有伏兵，於是率衆北趨。明日食時，亮與參佐拍手大笑曰：「司馬必謂吾示怯，將有伏兵，循山走矣。」候還白，如亮言，懿後知之深以為恨。

〔譯　文〕

同敵人交戰時，如果我方的力量很薄弱，則要故意顯示出充實的樣子，使敵方不能判斷出我方的虛實情況，這樣敵方就不敢輕易同我方交戰，我方就能夠保全。兵法上說：敵方之所以不敢與我方作戰，是我方使敵方改變了進攻方向。

三國時期，蜀國統帥諸葛亮駐紮在陽平道，魏延等各位將領一同率軍東下，諸葛亮只留一萬多人馬守城。魏國將領司馬懿率領二十萬大軍抗拒諸葛亮，同魏延的部隊錯道而行，離諸葛亮的部隊僅六十里，魏國偵察兵回報司馬懿說：「諸葛亮的城中兵少勢弱。」諸葛亮也知道司馬懿的部隊快要臨近，害怕逼近自己，想去追趕魏延，離去的路途又遠，必然追趕不上。官兵們驚慌失措，不知道他準備用什麼謀略。諸葛亮卻神情自若，下令軍中偃旗息鼓，任何人都不可擅自出城，並命令敞開四方城門，讓人們灑水掃地。司馬懿認為諸葛亮用兵素來慎重，而現在看到的卻是虛弱的外表，便懷疑城中有伏兵，便帶著部隊向北方而去。第二天吃飯的時候，諸葛亮與參佐拍手大笑道：「司馬懿必定認為我方是故意顯示懦弱，以為我們會有伏兵，所以沿著山路而走了。」待偵察兵回來，果然如同諸葛亮所說的一樣，司馬懿知道真實情況後懊悔不已。

偽示實行　虛實莫測

戰場上瞬息萬變，虛虛實實，實實虛虛，難以測度。有實力則為實，無實力則為虛；有備為實，無備為虛；戰鬥力旺盛為實，鬆懈疲憊為虛。

《孫子兵法・虛實篇》中說：「我軍要戰，敵人即使高壘深溝堅守，也不得不脫離陣地與我交戰，這是由於進攻的是敵人所必救之處；我軍如果不想戰，雖劃地防守，敵人也無法與我軍交戰，這是由於我方設法誘使敵人改變了進攻方向。」

如果我軍力量薄弱，宜當故意顯示為充實的形態，使敵人不能測度我軍的虛實，這樣敵人則不敢輕易同我交戰。不具備的條件故意聲稱已具備，沒有做的事情故意說已做，或者設置假情況迷惑敵人。這是長自己的威風，滅敵人的志氣，達到威懾敵人，戰之能勝的目的。

實戰第四十四

以實擊虛，以強擊弱，則如泰山壓卵

以實取虛，以有取無，如同以鎰稱銖。用兵須審敵的虛實而趨其危。以我的實擊敵之虛，以我的強擊敵的弱，則如泰山壓卵，不費力而取勝。所謂的奇正之法，就是致人的虛。明白致人之術，而虛則實之，實則虛之。不明白致人之術，而在我者則常實，在彼者則常虛。這就是識虛實之大用。

〔原　文〕

凡與敵戰，若敵人勢實，我當嚴兵以備之，則敵人必不輕動。法曰：實而備之。

後漢將吳漢討公孫述，進入犍為界，諸縣皆城守。漢攻廣都，拔之，遣騎繞成都市橋。帝誡漢曰：成都十餘萬衆，不可輕也。但堅據廣都待其來攻，勿與交鋒。若不敢來，公須轉營迫之，須其力疲乃可擊也。漢不聽，乘利遂自將步騎二萬餘人進逼成都。去城十餘里阻江北，為營，作浮橋，使別將劉尚將萬餘人屯於江南，相去二十餘里。帝大驚，責漢曰：比敕公千務萬端，何意臨時悖亂，既輕敵深入，又與尚別營，事有緩急不復相及。賊若出兵綴公，以大兵攻尚，尚破公即破矣！幸無他者，急率兵還廣都。詔書未到，述果遣其將謝豐、袁吉將衆十萬餘出攻漢。使別將將萬餘人劫尚，令不得相救，漢大敗。

〔譯　文〕

同敵人作戰，若是敵人的實力強大，我方就應當嚴加整頓部隊，防備敵人的入侵，所以敵人不敢輕舉妄動。兵法中說：敵人的勢力強大則必須嚴加防備。

東漢時期的將領吳漢率軍征伐公孫述，進入犍為郡（今雲南、貴州北部）境內，沿路各縣都有守城部隊。吳漢攻擊廣都（今成都南部），攻下了城邑，然後派遣騎兵回繞成都市橋。光武帝劉秀警告吳漢說：「成都城中有十多萬兵力，不能輕視，你只須堅守廣都，如果他們來攻打廣都，不要出城迎戰。如果他們不來，你必須轉移營盤追近敵人，一定要等敵人疲憊以後才能攻打敵人。」吳漢不聽從，乘勝利之勢統領步兵與騎兵兩萬多人進攻成都，到離成都十多里被阻隔在嘉陵江北岸。於是漢軍就地紮營，在江面上架設浮橋，命令副將劉尚帶領一萬多人駐紮在嘉陵江南岸，兩軍相距二十多里。光武帝得到消息後，大感驚恐，責備吳漢說：「我曾經千條萬端地命令你，你怎麼在關鍵時刻不聽我的告誡呢？既輕敵深入，又與劉尚分開安營，一旦有軍事情況，不管是緩是急都不能彼此相照應。假如敵人出兵牽制你部，再以大軍攻擊劉尚，劉尚被擊敗了，你也就失敗了！萬幸還沒有發生意外，你立即統帥部隊退守廣都。」劉秀的詔書還沒有送到吳漢手上，公孫述便命令將領謝斗、袁吉統兵十萬攻打吳漢，又命令副將帶著一萬多人去切斷劉尚的路線，使他們不能相互支援，吳漢大敗而逃。

敵人勢實　嚴兵以備

實虛為古代軍事術語，實與虛也是相對而言的。如果敵人兵強馬壯，實力強大，我軍則嚴整隊伍，防備敵人入侵，這樣敵人必然不敢輕舉妄動。如果不自量力，倉促出戰，無異以卵擊石。

《鬼谷子．陰符篇》中說：「以實取虛，以有取無，好比以鎰稱銖。」吳子說：「用兵須審敵虛實而趨其危。」善於用兵之人，貴在能得虛實之道。

虛實之道在於使我常實而敵常虛，再審視敵人的虛實，而部署我的虛實，並以我的虛實，而致敵人的虛實，更以虛實為變——如陽示之以虛而實實，陰示之以實而實虛，或虛而示之以虛，實而示之以實，使敵人誤疑我的虛實而誤部署其虛實。然後以我的實擊敵人的虛，以我的強擊敵人的弱，則如泰山壓卵，不費大力而取勝。

輕戰第四十五

輕率出師，必然失敗

奈何萬乘之主，而以身輕天下？輕則失根，燥則失君。

身為領導者，居大位而若無位，懷大德而若無德，有大智而若無智，有大功而若無功。

既不可以君臨天下而輕天下，亦不可以師臨天下而訓天下，尤不可以威臨天下而慢天下，此皆自亡而喪天下之道。

〔原　文〕

凡與敵戰，必須料敵，詳審而後出兵。若不計而進，不謀而戰，則必為敵所敗矣。法曰：勇必輕合，輕合而不知利，未可也。

春秋，晉文公與楚戰，知楚將子玉剛忿偏急。文公遂執其使宛春以撓之。子玉怒，遂乘晉軍，楚師大敗。

〔譯　文〕

凡是與敵人作戰，必須先預料敵人的情況，詳細地審核後再出兵作戰。如果不衡量敵我的情況就出兵，不進行分析、不訂計劃就貿然出戰，必然會被敵軍打敗。兵法上說：勇猛則必然會輕率地出戰，輕率出兵而不懂得利害，這樣是行不通的。

春秋時代，晉文公同楚國作戰，他了解楚國將帥子玉的性情剛直、偏激，便有意捉住楚軍派遣來的使者宛春，用以挑逗、激怒子玉，子玉怒氣沖沖，便率軍攻打晉軍，結果楚軍大敗。

不謀而戰　爲敵所敗

不明敵情，不可用兵，輕率用兵，自古以來就是的兵家大忌。

管子說：「不明白敵國的政治情況，不能出師攻擊；不察明敵軍的情況，不能約期交戰；不清楚敵軍的將領，不可貿然採取軍事行動；不清楚敵人的士兵，不可先布陣列勢。所以，以眾擊少，以治擊亂，以富擊貧，以能擊不能，以訓練有素的精良戰士攻擊臨時湊合的烏合之眾。必然能十戰十捷，百戰百勝。」

戰爭是一個複雜多變的對抗程序，戰場上的形勢也是變化多端，千種百樣。如間諜戰、情報戰、攻心戰、外交戰等等，最後才是軍事對抗。在所有這些戰爭形式中，最先進行而貫穿在對抗至決戰的整個過程，直到決戰之後的相當長時間內，乃是情報戰，而軍事情報自始至終都是決定戰爭主動與被動、勝利與失敗的重要原因。

趙匡胤經過陳橋兵變建立宋王朝後，先後平定了湖北、湖南，然後進兵後蜀，準備一統中國。

後蜀國君孟昶驕奢淫逸，不問政事。丞相李吳為保全巴山蜀水，建議孟昶與趙匡胤講和，知樞密院事王昭遠則竭力反對。王昭遠對孟昶說：「與其講和稱臣，不如聯合北漢，夾擊趙匡胤，令其退還中原！」

王昭遠平時自比諸葛亮，目空一切，實際上，既無運籌帷幄之謀，又無領兵打仗之勇。孟昶被王昭遠的言辭所迷惑，於是任命王昭遠為行營都統，任命趙崇韜為都監，韓保正、李進為正副招討使，率兵迎戰宋軍。

蜀軍長時期沒有訓練，將無良謀，兵無鬥志。蜀、宋在三泉寨相遇，副招討使李進拍馬出戰。只幾個回合就被宋將史延德活擒過去；招討使韓保正前去救援，也被史延德活捉。蜀軍失去正、副主將，一哄而散。

重戰第四十六

穩重是自信的標誌，持重是成熟的象徵

重於物則昏於物，重於欲則昏於欲，重於名則昏於名，重於利則昏於利。

重爲輕根，靜爲躁君，是以聖人終日行，不離輜重。

雖有榮觀，燕處超然。

所以說穩重是自信的標誌，持重是成熟的象徵。惟把握住穩重、持重的處世哲學，才能於紛繁複雜的社會中揚帆前進。

〔原　文〕

凡與敵戰，務須持重。見利則動，不見利則止，愼不可輕舉也。若此，則必不陷於死地。

法曰：不動如山。

〔譯　文〕

同敵人作戰時，一定要保持慎重態度，見利則動，不見利則止，一定不能輕舉妄動。如果像這樣，必然不會陷於死地。

兵法上說：部隊不行動時就要穩如泰山。

老成持重　見利則動

率軍作戰，必須老成持重，謹慎從事，千萬不能魯莽強橫，看到有利可圖，方可率軍攻擊。沒有可乘之機，可圖之利，萬萬不可輕舉妄動。像這樣做，就不會陷入絕望的境地。

兵法中說：「軍隊不行動時，要像泰山一樣穩固。」

這就表明，身為將帥，擔負著國家的前途和命運，人民的生死存亡的重任，一定要老成持重，城府深厚。應有大海一樣寬闊的胸懷，有諸葛亮那樣善於分析問題、判斷問題的智慧。始終不把戰士的生命視為兒戲，這樣的將帥指揮戰鬥，在戰場上才能形成勝之不驕、敗之不餒的全勝結局。

在現實生活中，道理同樣如此。穩重是自信的標誌，持重是成熟的象徵。大千世界，茫茫人海，熙熙而來，都是為利而來；攘攘而去，均是為利而往。人們行事，如果沒有兵書中「見利則動，不見利則止」的韜略，必將被時代的大潮所淘汰。

咸寧五年，晉國在幾經磋商之後，決定在這一年的十一月大舉伐吳，總計出兵二十多萬。王濬會同巴東的廣武將軍唐彬，率領巴蜀軍沿江東下。

這時吳軍在沿江要害的戰略地段設置了鐵鎖鏈準備橫江攔截蜀軍船隻；又於江心多處暗中插下長一丈餘的鐵錐，用來阻擋晉軍水師。王濬在摸清情況後，決定設策破除這些障礙。他下令製造數十個大筏子，上面紮有草人，持械備甲像水軍戰士一般；讓一些水性好的士兵駕駛竹筏走在船隊前面，以筏撞錐。就這樣，將障礙一一排除。

同時，又在大舫的船頭預備一些長十餘丈、粗十圍的大火炬，裡面澆注麻油，專燒吳軍的大鐵鏈，這樣，王濬東下的速度就大大加快了。

利戰第四十七

利慾熏心，見利忘義，災禍必至

天下熙熙皆爲利來，天下攘攘皆爲利往。追名逐利，人之常情。名利所在，往往禍害併存，利慾重心，見利忘義，災禍必至。

利害生出得失，而得失又生出勝敗。愚笨之人因小利而遭致禍殃；聰明之人卻能趨利避害，以義取利。

〔原　文〕

凡與敵戰，其將愚而不知變，可誘之以利。彼貪利而不知害，可設兵以擊之，其軍可敗。法曰：利而誘之。

春秋楚伐絞，莫敖屈瑕曰：「絞小而輕，輕而寡謀。請無捍採樵者以誘之。」從之。絞獲三十人。明日，絞人爭出，驅楚徒於山中。楚人坐其北門，而伏山下，大敗之。

〔譯　文〕

凡是同敵人作戰，敵人的將領如果愚蠢不知變化，就可以用利益誘惑他。他們貪利而不懂得其中的害處，可以設伏兵攻擊敵人，這樣就可以打敗敵人。兵法上說：敵人貪圖利益，就用利益引誘他們。

春秋時期，楚國征伐絞國，楚國的莫敖屈瑕提議說：「絞國弱小且行事輕率，輕率就少有計謀。請求派遣不設置護衛的採樵人去引誘敵人。」楚王接受了屈瑕的建議。絞國俘去了三十名採樵人。

第二天，絞國人爭先恐後地出城，滿山遍野地尋捕採樵人。楚國軍隊便守住絞國城的北大門，又命令大軍埋伏到山下，絞國軍隊大敗。

誘之以利　其軍可破

用兵之道乃是一種詭詐之術。三十六計，計計為詭術；詭道二十法，法法為詐術。圖取利益也是戰爭的本質，無論是正義戰爭，還是不義戰爭，都是因利而為。所以戰爭中以利求「利」乃兵家常事。

取予之道乃「欲取之，先予之」。即先予後取，以予為取，用隱蔽的手段對付敵人，表面看來耗力耗財，卻能收到比明取、直取更佳的效果。

《孫子兵法》中「以利而誘之」與「故知予之為取者，政之寶也」，不僅是軍事戰法集大成之總結，亦是行政管理成功之法寶。

現實中，任何事情要想獲得成功，都要以付出一定的代價為前提，以利予人必有所用。文章中絞國人因貪蠅頭小利而忽略了大勢，圖眼前而不憂長遠，失敗乃情理之中的事。貪小利而吃大虧是婦孺皆知的道理，是不是每個人都能看到這個隱蔽著的利害呢？

害戰第四十八

在要害之處加強防衛，敵人就不敢妄動

無論怎樣完美的名譽和節操，不可一人獨佔，必須分一些給他人，才不會引起他人忌恨招來災害而保全生命。

名利和慾望未必都會傷害自己的心性，惟有自以爲是的偏私和邪妄才是殘害心靈的毒蟲。

聲色與享樂未必都能妨礙人的思想品德，惟有自作聰明才是悟道修德的最大障礙。

〔原　文〕

凡與敵各守疆界，若敵人寇掠我境，以擾邊民，可於要害處設伏兵，或築障塞以邀之，敵必不敢輕來。法曰：能使敵人不得至者，害之也。

唐時，朔方總管沙吒忠義為突厥所敗，詔張仁亶攝御史大夫伐之。即至，賊已出。率兵躡出，夜掩其營，破之。

始，朔方軍與突厥以河為界，北岸有拂雲祠，突厥每犯邊，必先謁祠禱祀，然後引兵渡河而南。時，默啜悉兵西擊突厥，張仁亶請乘虛取河北，築受降城，絕兵南寇路。唐林景以為西漢以來，皆北守河，今築城虜腹中，終為所用。

仁亶固請，中宗許之，表留歲滿。以助力咸陽人二百逃歸，仁亶擒之，盡斬城下，軍中股栗。役者盡力，六旬而三城就。

以拂雲為中城，南直朔方，西城南直靈武，東城南直榆林。三壘相距，各四百餘里，其北皆大磧也。斥地三百里，又於牛頭廟那山北，置烽候千八百所。自是突厥不敢逾山牧馬，朔方益無寇歲，省費億計，減鎮兵數萬。

〔譯　文〕

與敵人各自互守疆界，如果敵人侵略我國邊境，騷擾我國邊民，就要在要害之處設置伏兵，或者構築工事、修築障礙，以便攔擊敵人的入侵。這樣，敵人必然不敢輕率侵犯。兵法上說：要使敵人不敢入侵，就是在要害之處加強了防衛措施。

唐代朔方總管沙吒忠義被突厥人打敗。唐中宗詔令張仁亶代理御史大夫前往征討突厥。張仁亶趕到朔方時，敵人主力已經出發，張仁蔔便領兵連夜突襲敵營，敵軍被打得大敗。

開始時，朔方軍隊與突厥軍隊以黃河為界，黃河北岸有一座拂雲祠，突厥人每次入侵，首先要去參祠祭祀，再率軍向南侵犯。張仁亶來到後，東突厥首領默啜正統領所有人馬向西方攻打西突厥，張仁亶請求乘敵空虛的時機攻取黃河北岸地區，修築一道受降城，切斷突厥南侵之路。可是唐林景的觀點是，從西漢以後，都是居住在黃河南岸的人守衛疆界，現在把城牆修築在敵方境內，擔心最後還是會被敵方佔去。

由於張仁亶的再三請求，中宗最後還是同意了。張仁亶的請求書表接到時，已經有一年多時間了。在咸陽服徭役的二百人逃跑，張仁亶把他們捉拿回來，全都在城下殺死，軍中大為震驚。從此後服徭役的人們各盡其力，兩個月內便把三座城池修建成功。

以拂雲祠為中心城，南到朔方，西到靈武；東城南到榆林，三座城各自相距四百多里，北邊是大沙漠。再開墾荒地三百里，在牛頭廟的北面修築了瞭望臺一千八百座。從此後突厥再也不敢越山向南侵犯了。朔方地區幾年內沒有受到侵犯，節約了數億銀兩的開支，裁減了幾萬名戍守邊疆的人員。

要害伏兵　敵不輕來

利與害是相互對立而難以並存於一個事物之中，趨利避害又是人的本性。而戰爭的行為手段也是極力營造己方之利，送害於對方。

孫子說：「能使敵人自動來上鈎的，是小利引誘的結果；使敵人不能進入我防區範圍的，是因利害威脅的結果。」

利是人們所喜好的，害是人們所畏懼的。利是害的影子，難道不知躲開它？貪圖小利卻忘記大害，猶如得了頑疾一樣難以治好。

朱元璋死後，朱元璋的孫子朱允炆繼承帝位。史稱建文帝。西元一三九九年，皇叔朱棣起兵自北平（今北京）南下，先後大敗征虜將軍耿炳文、大將軍李景隆，不費一兵一卒就佔領了德州（今山東德州），氣焰十分囂張。

這時候，山東參政鐵鉉正在向德州督運糧草，聞說德州已失，立刻把糧草運回濟南。鐵鉉與參軍高巍商議道：「朱棣南下，目標是奪取都城金陵（南京）。濟南是朱棣的必經之地，守住濟南，就保衛了金陵。」

高巍支持鐵鉉守護濟南，二人又得到濟南守將盛庸、宋參軍的支持，四人同心，一面整頓兵馬，一面加固城牆，做好了守城準備。

幾天後，朱棣統率大軍進至濟南城下。由於鐵鉉等人已做好準備，朱棣連續發起進攻都被鐵鉉擊退。朱棣心生一計，決水灌城，大水湧入濟南城中，百姓惶惶不安。鐵鉉面對大水也心生一計，決定把朱棣誘入城中殺掉。

鐵鉉召集城中父老數百人，讓他們帶上自己的「降書」出城見朱棣。朱棣不知是計，答應了城中父老的請求，並讓他們告訴鐵鉉：明日進城受降。

鐵鉉聞報後，在城門上方懸起一塊重大千斤的鐵板，命令士兵大開城門，專候朱棣到來。第二天，到了約定的時間，朱棣見城門大開，門內外跪著一大批百姓和徒手的守城將士，就放心大膽地騎馬走過吊橋，向城門走去。剛到城門前，大鐵板忽地墜落下來，將朱棣的坐騎砸倒，朱棣則被戰馬掀翻在地。朱棣的衛士急忙把朱棣扶起換了一匹戰馬，躲過城上飛下的亂箭，一口氣跑過吊橋，返回大營。

朱棣對鐵鉉恨之入骨，發誓要攻下濟南，活捉鐵鉉，但鐵鉉有盛庸、高巍和宋參軍的全力支持，城內糧草充足，上下齊心，朱棣一連攻打了三個月，也沒有把濟南城攻克。這時，建文帝已派大軍收復了德州，轉而向朱棣包抄過來。朱棣擔心受到夾擊，只好解了濟南之圍，悻悻退回北平。

安戰第四十九

堅固防守，不輕率出動

安貧樂道，恪守自己獨立人格的人固然很寂寞，但因此所得到的平安生活時間最久，趣味亦最濃。

攀附權貴之人固然能得到一些好處，但爲此所招來的禍患卻最淒慘而又最迅速。先站在平安低卑之處而後才知攀援高處的危險，先待在昏暗處然後才知置身光亮之處會顯露刺眼。先保持寧靜而後才知好活動的人太辛苦，先保持沉默而後才知話說得太多了很煩瑣。

〔原　文〕

凡敵人遠來氣銳，利於速戰，我深溝高壘，安守勿應，以待其敝。若彼以事撓我。求戰，亦不可動。法曰：安則靜。

三國，蜀將諸葛亮帥衆十餘萬出斜谷，壘於渭水之南。魏遣大將司馬懿拒之。諸將欲往渭北以待之，懿曰：「百姓積集，皆在渭南，此必爭之地也。」遂率軍而濟，背水為壘。因謂諸將曰：「亮若勇者，當出武功，依山而東。若西上五丈原，則諸軍無事矣。」亮果上五丈原。會有長星墜亮之壘，懿知其必敗。時朝廷以亮率軍遠入，利在急戰，每命懿持重，以俟其變。亮數挑戰，懿不出。因遺懿以巾幗婦人之飾，懿終不出。

懿弟子孚策問軍事，懿復曰：「亮志大而不見機，多謀少決，好兵而無權，雖持兵十萬，已墜吾畫中，破之必矣。」

與之對壘百餘日。會亮病卒，諸將燒營遁走，百姓奔告懿，出兵追之。亮長史楊儀，反旌鳴鼓，若將向懿者，懿以歸師不之迫。於是，楊儀結陣而去。經日，懿行其行壘，觀其遺事，獲其圖書、糧食甚重。

懿審其必死。曰：「天下奇才也！」辛毗以為尚未可知。懿曰：「軍家所重，軍書、密計、兵馬、糧食，今皆棄之，豈有人損其五臟，而可以生乎？宜急追之。」

關中多蒺藜，懿使軍士三千人著軟材平底木屐前行，蒺藜著屐。然後，馬步俱進，追到赤岸不及。乃知亮已死，百姓為之諺曰：「死諸葛能走生仲達。」懿笑曰：「吾能料生，不能料死故也。」

〔譯　文〕

敵人遠道而來，氣勢凶猛，速戰必定對敵人有利。這時，我軍在深牆高壘之中，堅固防守，不去應戰，等待著敵人疲憊不堪。如果敵人故意挑逗，以求急戰，也不能出動。兵法上說：安穩就能平靜。

三國時代，蜀國統帥諸葛亮率領部隊十萬多人出兵斜谷，在渭河南岸構築營寨。魏國派遣大將司馬懿前去抵抗。魏軍的眾位將領都想到渭河北面去作戰，司馬懿卻說：「百姓都聚集在渭河南岸，這才是必爭之地。」便領導部隊渡河，背水安營。

他對眾位將領說：「諸葛亮如果是勇猛的人，出兵斜谷後就會前出武功，沿山往東。如果他往西上五丈原，那麼我們各路軍就會平安無事。」諸葛亮果然上了五丈原。正好有一顆巨星墜落諸葛亮的營盤內，司馬懿明白諸葛亮必然會失敗。因為當時朝廷中覺得諸葛亮率軍遠征，必然會急於求戰，於是命令司馬懿堅守不出，等待時機而戰。司馬懿接到命令更加堅守。諸葛亮派人給司馬懿送去婦女穿的衣服與首飾，他仍然不出戰。

司馬懿的侄子孚策詢問軍情，司馬懿卻回答說：「諸葛亮的志向遠大，可是沒有抓住機會，足智多謀卻不能很快地決定問題，愛好用兵卻不會權衡利害，雖然他擁有十萬大軍，卻早已陷入我的計謀之中，破滅他是必然的趨勢。」

司馬懿與諸葛亮對陣有一百多天，正在這時諸葛亮病死，蜀國諸位將領燒掉營寨，偷偷地退回去了。百姓們把這件事告訴了司馬懿，他便出兵追擊。蜀國長史楊儀則調轉隊伍揮動旌旗，敲響戰鼓，做出要向司馬懿攻擊的勢頭。司馬懿又認為返回的軍隊不可緊跟，於是，楊儀結陣而去。第二天，司馬懿來到蜀軍紮營的地方，觀察那些遺留下的物件，獲得了不少地圖、文件、糧草之類。

司馬懿心想諸葛亮必定死了，便說：「諸葛亮真是天下的奇才！」辛毗認為尚未可知。司馬懿說：「軍事家所重視的就是軍事文件、秘密謀略、兵馬、糧食等，現在他們將這些東西都遺棄了，難道一個人的五臟都損壞了，還可以活著嗎？應該立即追擊他們。」

蜀軍在撤退時於關中地區的路途上埋設了很多蒺藜，司馬懿命令三千戰士穿著平底軟木靴在前面開路，蒺藜便被軟木靴黏帶起來。然後，步兵、騎兵同時前進，追趕到赤水岸邊，仍然沒有追趕上。這時才確切得到諸葛亮死去的消息，當時百姓們由此作諺語說：「死諸葛能嚇走活仲達。」

司馬懿卻笑著說：「我能預料活人，卻不能預料死人。」

遠來氣銳　安守勿應

敵軍氣勢洶洶而來，我軍按兵不動，固守城池，以此挫敗敵軍氣焰，使敵無計可施，逐漸失去信心與勇氣。敵軍引誘挑釁，我軍不為所動。兵法云：安然待敵則平安無事。

用龐大的軍隊去作戰，曠日持久就會使武器裝備消耗，軍隊銳氣挫傷，攻城就會使戰鬥力耗盡。軍隊長期在外作戰，就會使國家經濟發生困難。武器耗損，部隊疲憊，實力耗盡，如果外國乘機發動攻擊，那時即使有高超智謀之人，也無法挽回危機。

諸葛亮一生謹慎、持重，司馬懿正是利用他這一特點，依此固定安守五原之計。蜀軍遠道來攻，力求速戰速決，而魏兵按兵不動，任諸葛亮施千百妙計，魏軍堅守不動，安然不戰。不戰本身就是一種戰法，乃是拼比雙方國力實力，蜀軍遠道國弱，魏軍國強而以逸待勞。以不戰而長此比下去，蜀軍不堪負重，果然落敗。

危戰第五十

危生於安　亡生於存

危生於安，亡生於存，害生於利，亂生於治。

面對生死、危急的緊要關頭，能做到不動心，不亂性，鎮定自若，必須在平時對人生有所徹悟，看得破紅塵。

追求逸樂，追求花樣粉飾，致力於美麗的言辭。將枝節作為宗旨，用矯揉造作掩飾本性；並指示他人，卻不知自身的虛偽；受制於內心，主宰著精神，如此來統治人豈不岌岌可危？

〔原　文〕

凡與敵戰，若陷在危亡之地，當激勵將士決死而戰，不可懷生則勝。法曰：兵士甚陷，則不懼。

後漢將吳漢為公孫述所敗，走入壁，豐圍之。漢召諸將勵之曰：「吾與諸將踰越險阻，轉戰千里，所在斬獲，遂深入敵地。今至其城下，而與尚二處受圍，勢即不接，其禍難量。欲潛師就尚於江南禦之。若能同心協力，人自為戰，大功可立；如其不然，敗必無餘。成敗之機，在此一舉。」諸將皆曰：「諾。」

於是饗士秣馬，閉營三日不出。乃多立幡旗，使煙火不絕。夜，銜枚引兵，與尚合軍。豐等不覺，明日乃分兵拒水北，自將兵攻江南，漢悉兵迎戰，自旦至晡，遂大敗之，斬謝豐、袁吉。於是率兵還廣都，留劉尚拒述。且以狀聞，而深自譴責。

帝報曰：「公還廣都，甚得宜，述必不敢略尚而擊公。若先攻尚，公從廣都五十里悉步騎赴之。適當值其危困，破之必矣。」

於是，漢與述戰於廣都、成都之間，八戰八克，遂軍於郭中。述自將數萬人出城大戰，漢使護軍高午、唐邯將銳卒數萬擊之，述兵敗走，高午奔陣刺述殺之。旦日城降，蜀遂平。

〔譯　文〕

在同敵軍作戰中，如果我軍陷入危急死亡的境地時，只有勉勵官兵捨命拼戰，把生死置之度外就能奪取勝利。兵法上說：官兵陷入非常危險的境地，就不會懼怕。

東漢時期的將領吳漢被公孫述打敗之後，逃回了大本營，公孫述的將領謝豐圍困了吳漢。

吳漢便召集各位將領並鼓勵他們說：「我同眾位將領跋山涉險，轉戰千里，所向披靡，才深入敵軍腹地。現在我們是兵臨敵人城下，和劉尚在兩個地方都被圍困，卻不能相互接應，目前的災禍是不可測度的。我準備稍稍地把軍隊轉移到江南與劉尚部隊會合一處防守。如果大家能齊心協力，各自為戰，大功便能告成。不然就是必敗無疑，因此成敗就在此一舉。」眾位將領都說：「是。」

吳漢便以酒肉招待全體官兵，餵飽戰馬，閉塞營門，三天不出動，又樹起很多旗幟，煙火不絕。等到夜晚，全軍口銜枚，偷偷地率軍出動，同劉尚的部隊會師。謝豐等人還沒有覺察到，第二天就分兵攔截江北，自己率領一支人馬攻擊江南。吳漢率領全軍出戰，從清早廝殺到黃昏，將敵軍打得大敗，並斬殺了謝豐、袁吉。於是吳漢領著部隊退守廣都，留下劉尚一支人馬抗擊公孫述。吳漢便把這一情況奏報了光武帝，而且深刻地責備自己。

光武帝在回詔中說：「你回守廣都，是非常合適的。公孫述必然不敢同時攻擊你與劉尚。如若公孫述先攻擊劉尚，你便從廣都帶領步兵、騎兵走五十里就可到達那裡。這樣實則是公孫述的危急時候，這種情況之下必定能打敗他。」

吳漢就與公孫述在廣都至成都之間展開大戰，吳漢八戰八勝，於是便把戰場縮小在成都城外。公孫述親自帶領幾萬人馬出城決戰，吳漢命令護軍高午、唐邯率領幾萬精兵強攻，公孫述大敗而逃，高午衝進敵陣中把公孫述刺死。第二天成都出降，從此蜀國平定了。

陷入亡地 勵兵決戰

危如累卵，千鈞一髮之際，最能體現出英雄本色。中流擊水，力挽狂瀾，扶將傾的大廈，其見識、膽量絕非常人可比。所以說，戰爭的局勢在很大程度上是靠人為製造的。

孫子說：「將部隊置於無路可走的境地，雖死也不會敗退。」既然死都不怕，官兵就都可以盡力而戰了。士兵深陷危險境地，就能無所畏懼，無路可走，軍心就能穩固。深入敵國，軍隊就團結，人心專一而不渙散。

也就是說，給士兵造就一種危險感，滅其幻想，就會成倍增加部隊的戰鬥力。兵法說：「置之死地而後生。」

南齊時張融每次乘船渡海時，遇上大風，卻沒有一點害怕的表情。晉代庾亮兵敗逃跑時，在敵人的亂箭如雨、刀光劍影之中不動聲色。波濤洶湧，能以船為家；白刃亂舞，能鎮定自若。在這種艱難危險關頭，正是考驗天下英雄之時。

目前世界經濟進入泡沫化的衰退期，不也正是考驗我們每個人的時機嗎？

死戰第五十一

懷著必死的決心就能夠還生

生命最苛刻之處在於它會死亡，只有死亡不可避免，再長久的生命也顯得短暫，輝煌的盡頭終歸是永恒的黑暗。

我們每天享受著生命又每天在喪失它，我們無法增加生命的長度，只好追求它的高度。

一切偉大的創造，實際上都暗含著乞使生命永恒的意圖；一切偉大的創造在生命意義上也呈現出矛盾狀態：忠實於生命又想戰勝生命。

〔原 文〕

凡敵人強盛，吾士卒疑惑，未肯用命，須置之死地。告令三軍，示不獲已。殺牛燔車，以享將士。燒棄糧草，塡井夷灶，焚舟破釜，絕去其生慮，則必勝。法曰：必死則生。

秦將章邯擊破楚將項良，以為楚地兵不足憂，乃渡河擊趙，大破之。當此時趙歇為王，陳余為將，張耳為相，兵敗，皆走入鉅鹿城。章邯令王離涉澗圍鉅鹿。章邯軍其南，築甬道而輸之粟。楚懷王以宋義為上將，項羽為次將，范增為裨將，救趙，諸別將皆屬焉。宋義行至安陽，留四十餘日不進，遣其子宋襄相齊，自送之無鹽，飲酒高會。項羽曰：「今國兵新破，王坐不安席，掃境內而專諸將軍，國家安危，在此一舉。今不恤士卒，而徇其私，非社稷之臣。」項羽晨朝，即其帳中，將宋義斬之。下令軍中曰：「宋義與齊謀反，楚王陰令羽誅之。」是時，諸侯皆懾服，莫敢支吾。皆曰：「首立楚者，將軍家也。今將軍誅叛亂。」即共立羽為假上將軍，使人追宋義子襄，及之齊，殺之。使旦報命於楚懷王。因命項羽為將，當陽君、蒲將軍皆屬焉。項羽以殺宋義，威震楚國。名聞諸侯。乃遣當陽君、蒲將軍率二萬衆渡江救鉅鹿，戰不利。陳余夏請兵項羽。乃悉兵渡江，沉舟、破釜甑、燒廬舍，持三日糧，以示士卒必死，無還心。圍王離，絕其甬道，大破之，殺蘇勇，虜王離。當是時，楚兵及諸侯軍救鉅鹿者，無不以一當十，楚兵呼聲動天地，諸侯人人惴恐，於是大破秦軍。

〔譯　文〕

敵人強大，我方軍心惶恐不安，不敢奮力向前時，就必須置之於死地，並告示三軍，表示不能取勝誓不罷休的決心。殺牛用以招待軍隊，然後燒毀糧草輜重，填平水井，拆除炕灶，焚去船隻，砸碎飯鍋，斷絕官兵的求生觀念，這樣就能奪取勝利。兵法中說：懷著必死的決心就能夠還生。

秦代將領章邯打敗楚將項良之後，認為楚國的軍隊不足以擔憂，於是渡越黃河去攻擊趙國，打垮了趙軍。這時趙歇立為趙王，陳余為大將，張耳為丞相。失敗之後，便一起逃到了鉅鹿城（今河北平鄉縣西南部）內，章邯派遣部將王離渡過小河，圍困了鉅鹿城。章邯的部隊駐紮在鉅鹿南部，並修築甬道為了方便運送糧草、物資。楚懷王任用宋義為主將，項羽為副將，范增為第三將領，前往救助趙國，其它眾將都歸他們所管轄。宋義到安陽時，停留四十多天不前進，卻派自己的兒子宋襄到齊國去任宰相，親自送兒子到無鹽（今山東東平東部），大擺宴席歡送。項羽說：「如今我國軍隊剛吃過敗仗，君王坐立不安，把平定國家的重任委托於將軍您，國家的安危在此一舉，如今您不體恤將士，只徇私情，這可不是國家重臣的作為。」第二天早起上朝，在宋義的軍營內把他殺死了。當時各位諸侯都懾服於項羽，不敢作聲，都說：「首先起來恢復楚國的是將軍您家的人，現在又是您平息了叛亂。」因此，大家馬上擁立項羽為大將軍，立即指使人追趕宋義的兒子宋襄，一直追到齊國境內便殺了宋襄。天明以後使者就將此事件上奏楚懷王，懷王便正式委任項羽為上將軍，當陽君、蒲將軍歸屬他指揮。由於殺了宋義，項羽威振楚國，在諸侯中的名望極高。項羽命令當陽君、蒲將軍統兵兩萬渡江去援助鉅鹿城，但是作戰失敗。趙將陳余又派人來向項羽求救援軍。項羽於是下令全軍渡江，而後沉沒船隻，砸毀鍋盆，燒掉營寨，讓全體將士只帶三天的乾糧，並向官兵顯示誓死不回的決意。項羽渡江之後，就包圍了王離，掐斷了他的糧道來源，而且徹底打敗了敵人，殺死了蘇勇，俘虜了王離，項羽領導的楚國、諸侯各國前往援救鉅鹿的部隊官兵都能以一當十，呼喊之聲震天動地，使秦國的諸侯個個都驚恐不安，最終大敗秦國軍隊。

破釜沉舟　必死則生

人固然不免一死，但死有重於泰山，輕於鴻毛之別。捨身取義，殺身成仁者則重於泰山；苟且偷生、背信棄義則輕於鴻毛。生命誠然可愛，而孤寒、寂寞的生，倒不如轟轟烈烈的死。哪個人不想活著，不正直的人活著只是苟且偷生而已，人生自古誰無死，死得有價值意義，才稱得上合乎正道！死是人生最大、最終考驗與結局。在死的面前，人的本性將暴露無遺。如果連死都不怕的人，許多奇跡便會相應而生。戰爭是造就死亡最大的工廠，在戰爭中怎樣死？怎樣求生呢？

奮勇作戰就能求到生存，不奮勇作戰就是等待死亡，就會全軍覆沒，這樣就是死地，處於死地只有力戰求生，進入死地，就要顯示殊死奮戰的決心。

項羽因「破釜沉舟」一死戰而顯名，則成功地借助了死戰的戰術。死戰是扭轉敗局的關鍵之舉，正所謂「投之亡地然而存，陷之死地然後生。」

生戰第五十二

僥倖求生就是死路

如果人生還有一次的話，絕不會是一件好事。首先它將使此生的意義減半。此外，多一次人生仍不會使人滿足，接著會無窮地追求下去。

人生的神聖就體現在它的一次性之中，任何成功與失敗都被時光捲走，不可追回。

正是因爲有許許多多的遺憾，才使人生珍貴，重複生命是對生命的污辱。越是傑出的人卻越是執著於未來，彷彿真的還有一次人生。

〔原　文〕

凡與敵戰，若地利已得，士卒已陣，法令已行，奇兵已設，要當割棄性命而戰，則勝。若為將臨陣畏怯，欲要生，反為所殺。法曰：幸生則死。

春秋時，楚子伐鄭，晉師救之，與戰於敖、鄗之間。晉趙嬰齊使其徒先具舟於河，欲敗而先濟，故將士懈，卒不可勝。

〔譯　文〕

在與敵人交戰時，如果我方已經佔領了有利地形，士卒已經列好陣勢，法令已經頒布，擔任特種任務的奇兵已經安排就緒。此時，最重要的應該是捨命拼戰的決心，這樣就能穩操勝券。作為將領如果臨陣畏怯敵方，僅想以僥倖求生，這樣就會被敵人殺敗。兵法上說：僥倖求生就是死路。

春秋時代，楚莊王攻伐鄭國，晉國出兵救助鄭國，同楚軍在敖、鄗二山之間展開戰鬥。晉國大夫趙嬰齊派人在黃河邊準備好船隊，如果失敗了便好渡河逃跑，所以將士鬥志不旺盛，最終不能取勝。

奇兵已設　捨生拼戰

敢死，固然精神可貴；敢生，有時比敢死更可貴。賢者熱愛生命，卻不畏懼死亡。既不把生看作高於一切，也不把死亡看作災難。賢者對待生命，總是以是否符合道義為取捨標準。

生，固然重要，是人人皆想所得的。義，是天理，義比活著更重要。二者不能同時獲取時，就要放棄生而取義更重要了。喜生厭死，人之常情。所追求的東西超過了生命，那麼寧可棄去生命而追求道義。

東漢馬援對孟翼說：「大丈夫應死在疆場上，用馬革裹屍，怎能死在女人手中！」孟翼說：「真正的烈士就是這樣的。」宋代楊由義與胡昉出使金國，不肯下拜。並說：「如果死在這裡，作得個忠孝之鬼，千年之後，還會凜然而有生氣。」

這樣的人雖死了，但他們的英雄氣概，忠義精神將永存人間。

饑戰第五十三

缺乏糧草時，襲擊敵人糧庫

人餓了吃什麼都覺得有味，渴了喝什麼都覺得舒服。無食爲饑，無財爲貧。心志得到磨練，筋骨受到勞累，腸胃受到饑餓，身子空乏。行動超越他的目標，動搖他的信心，增加他所不能做到的事，這樣的人才能受上天之大任。人，豈可安常於命運？畢竟天上不會掉下餡餅來。

〔原　文〕

凡興兵征討，深入敵境，芻糧之闕，必須分兵抄掠。據其倉廩，奪其蓄積，以繼軍餉，則勝。法曰：因糧於敵，故軍食可足也。

《北史》：北周將賀若敦率兵渡江取陳，湘州陳將侯琪討之。秋水氾溢，江路遂斷，糧援即絕，人懷危懼。

敦於是分兵抄掠，以充資費。恐琪等知其糧少，乃於營內多聚土，以米覆之。召側近村人，佯有訪問，隨即遣之。琪等聞之，以糧為實。敦又增修營壘，造廬舍，示以持久。湘羅之間，遂廢農業，琪等無如之何。

初，土人乘輕船、載米粟、籠雞鴨，以餉其軍。敦患之，乃偽為土人船，伏甲兵於中。琪兵望見，謂餉船至，逆水爭取，敦甲士遂擒之。又敦軍數有叛者，乘馬投琪，琪輒納之。

敦乃取一馬牽以趨船，令船中人以鞭鞭之，如是者再，馬畏船不敢上。後伏兵於江岸，使人乘畏船馬，詐投琪軍。琪即遣兵迎接，爭來牽馬。馬即畏船不上，伏兵發，盡殺之。後實有饋餉及亡奔琪者，猶恐敦設詐兵，不敢受。相持歲餘，琪不能制。

〔譯 文〕

大凡興兵作戰，深入敵境，在缺乏糧草的時候，必須分兵掠奪，襲擊敵人的糧庫，搶奪敵人的儲蓄，以此作為充實自己的軍費開支，這樣就能取勝。兵法上說：從敵人那裡獲取糧草的補充，所以軍隊的供給就可以豐足。

《北史》中記載：北周將領賀若敦帶領部隊渡江之後直取陳國，駐紮在湘州的陳國將領侯琪前來征討敵人。這時正趕上秋雨氾濫成災，江上的水路中斷，糧食供應也接著斷絕，北周的將士個個都擔心、害怕。

於是，賀若敦便分兵外出掠奪糧食，以便補充自己的供給。賀若敦害怕軍中無糧的事情讓侯琪覺察到，於是在軍營中築起許多土堆，上面撒蓋著一層大米。而後召見鄰近村莊的人們，裝出一副使人們來詢訪的架勢，然後又把他們送走。侯琪知道情形後，卻覺得賀若敦部隊糧草豐足。賀若敦又增補營房補修壁壘，加固草房，顯示出要長久對峙下去。從湘州到羅山一帶農業廢棄荒蕪，侯琪對這種情況毫無辦法。

當初，本地人經常駕著小舟，帶上米粟、雞鴨之類去慰勞部隊。賀若敦擔心泄露軍事機密，就改裝成本地人的舟船，在船內設下伏兵。侯琪的軍隊見到後，認為是糧餉船到了，便逆水而上搶奪物品，結果被賀若敦的軍隊捉住。到了後來，賀軍中多次出現叛逃的人，騎馬投靠侯琪，他一概收留。

賀若敦便牽來一匹馬到船前，指使船上的人拿鞭子狠狠地抽打，這樣折騰了數次，馬看到船就根本不敢上船。以後他便命令士兵埋伏在江邊，讓人騎著這匹馬去詐降侯琪。侯琪立即派人前去接應，士兵們爭著來牽這匹馬，可是馬卻不敢上船，正在這時，江邊的伏兵突然出現，侯琪的士兵被殺光，後來確實有送食物與投奔他的人，侯琪又怕其中有詐，不敢貿然接受。就這樣對峙一年多，侯琪終究支持不住。

因糧於敵　軍食可足

孫子說：「軍隊沒有輜重就會敗亡，沒有糧食就會敗亡，沒有儲備的軍事物資的供應補充就會失敗。」

諸葛亮說：「糧食是軍隊的最緊要事務。」軍事家們認為：就是有銅牆鐵壁一樣堅固的城邑，有像沸水一般的護城河，沒有糧食也不能固守。有韓信、白起那般的將帥，沒有糧食也不能打勝仗。

糧草補給對軍隊作戰有著不可缺少的作用，尤其是長途行軍作戰，糧草問題本身就是一場戰鬥。自古以來，在戰爭發動之前就作好這方面的準備，然後才籌劃戰爭。如果軍隊深入敵後，萬一後勤供應不上，軍隊缺糧受饑，就要先奪敵軍之糧草而後求勝。

務食於敵，並氣積力，是古代兵家關於軍隊深入敵後解決後勤供應難題的一項策略。「務食於敵」，以戰養戰，取之於敵，是保障軍需供應的一條妙策。用得好，則得到「屏氣積力」的積極效果。在現代條件下作戰，可能情況之下，經由繳獲敵人的物資來補充我軍，仍是一種損失少、受益多的有利戰策。

飽戰第五十四

以我軍的飽食對待饑餓的敵軍

飽人不識餓人饑，少年不識愁滋味。嘗盡了辛酸，才知柴米貴。然飽暖思淫樂，富貴動人心。

飲食男女，人之自然慾望而已。

生命的維繫、延續，離開飲食則萬萬不能。

暴殄天物者，必然被人們所不齒；屍位素餐者，必然被人們所唾棄。坐吃山空，坐享其成，知飽知足否？

〔原　文〕

凡敵人遠來，糧食不繼，敵饑我飽，可堅壁不戰，持久以敝之，絕其糧道。彼退走，密遣奇兵，邀其歸路，縱兵追擊，破之必矣。法曰：以飽待饑。

唐武德初，劉武周據太原，使其將宋金剛屯於河東。太宗往征之，謂諸將曰：「金剛垂軍千里入吾地，精兵驍將皆在於此。武周自據太原，專寄金剛以為捍蔽。金剛雖衆，內實空虛，虜掠為資，意在速戰。我當堅營待其機，未宜速戰。」於是遣劉洪等絕其糧道，其從遂餒，金剛乃遁。

〔譯　文〕

如果敵軍從遠處而來，糧食供應不上，我飽敵饑，就宜當堅守營盤，不與敵軍決戰，長久相持等待敵人疲憊，同時必須切斷敵人糧食來源的道路。如果敵人撤退時，偷偷地派出機動部隊，切斷他們的退路，又派出部隊跟蹤追擊，這樣必定能殲滅敵人。兵法中說：以我軍的飽食對待饑餓的敵人。

唐高祖武德年初，劉武周佔據了太原，劉武周命令他的部將宋金剛駐守河東。李世民前去征伐，並告訴各位部將說：「宋金剛從千里之外孤軍深入我境內，精兵良將都集中在這裡。劉武周自己據守太原，完全把宋金剛看做是屏障。宋金剛雖然人多將廣，卻缺乏軍需儲備，全靠掠奪作為軍隊生存的主要渠道，他們的希望在速戰速決。而我軍則宜當堅守陣營，等待敵人陷入饑餓的境界，所以我們不宜速戰。」這樣，李世民派遣劉洪等將領切斷敵人的糧食來源，使敵人的戰士陷於饑餓狀態，宋金剛只好逃跑。

敵饑我飽 堅壁不戰

孫子說：「用自己部隊靠近戰場來對付遠道而來的敵人，用自己部隊的安逸休整對付敵人的奔波疲勞，用自己部隊的糧足食飽對付敵人的糧盡人饑，這是掌握軍隊戰鬥力的方法。」「兵馬未到，糧草先行。」古代作戰，糧草供應充足與否，直接影響著戰爭的局勢與勝敗。李世民與宋金剛對峙，因糧草不足，無法發動攻勢；在糧草供應充實之後，本來可以採取攻勢，卻仍然採用「以飽待饑」的策略，最後大敗宋金剛。

在戰鬥中，如缺乏糧草供應，軍隊則不攻自破。高明的將領為了取得勝利，極力運用「以飽待饑」的戰術，想方設法斷敵糧道，動搖對方的軍心士氣。

在商品經濟高度發展的當今社會，誰能取得時間，搶先一步，既保證自己原料充足供應，又能在質量和榮譽上贏得顧客，佔領市場，誰就能在競爭中立於不敗之地。

勞戰第五十五

倉促應戰就會疲勞被動

勤勞而又謙虛的人，總會有個好結果。有功勞而不矜持，就是最忠厚。不可因有善德而自誇，有功勞而伸張，做了一件好事就把它記在心上。《尚書・盤庚》中說：「如果懶惰的農民，只想貪圖安逸，不願辛勤勞動，不想把汗水灑在田地裡，豈能有收穫？」

〔原　文〕

凡與敵戰，若便利之地，敵先結陣而據之；我後去趨戰，則我勞而為敵所勝。法曰：後處戰地而趨戰者勞。

晉，司空劉琨遣將軍姬澹率兵十餘萬討石勒，勒將拒之，或諫曰：「澹兵馬精盛，其鋒不可當。且深溝高壘，以挫其銳。攻守異勢，必獲全勝。」勒曰：『澹軍遠來，體疲力竭，人馬烏合，號令不齊，一戰可勝也，何強之有？援又垂至，胡可捨去？大軍一動，若澹乘我之退，顧身無暇，焉能深溝高壘乎？此謂不戰而自滅亡之道。」遂斬諫者。以孔萇為前鋒部督，令軍後出者斬。設疑兵於山上，分為二伏。勒率兵與澹戰，偽收衆而北，澹縱兵追之，伏發夾攻，澹大敗而退。

〔譯　文〕

與敵人交戰時，如果敵人搶佔了有利地形，列好了陣勢，在這種情形之下，我軍貿然出戰，就會疲勞可能會被敵人打敗。兵法上說：後進入戰場而且是倉促應戰就會疲勞、被動。

晉代司空官劉琨命令部將姬澹統領十多萬人馬討伐石勒，石勒準備出兵相抗，有人勸諫他說：「姬澹的部隊兵強馬壯，銳氣猛不可擋。適宜深挖壕溝，高壘防線，以便挫傷他的銳氣。攻與守的形勢一有改變，我們就能獲取勝利。」石勒說：「姬澹的部隊遠道而來，精疲力盡，人馬都是一些烏合之眾，號令不嚴整，一戰就可以擊敗他，有什麼強大呢？援兵又快到了，怎麼可以捨去這個時機呢？全軍出動，如若姬澹乘我撤退的機會而展開衝擊，我就無暇顧身，又怎麼有時間去探挖壕溝、高壘防線呢？這就是所謂消極對戰而自取滅亡的理論。」便殺了勸諫者。以孔萇為前鋒部督，然後在山中擺設疑兵，分別設置兩個伏擊圈。在雙方交戰的時候，石勒佯裝收兵敗退，姬澹縱兵追擊，石勒的伏兵發動夾擊，姬澹大敗撤退。

後去趨戰　我勞敵勝

孫子認為：如果能首先佔據有利地形，便可使自己處於以逸待勞的主動地位；如果戰爭中沒有取得有利地形，則疲勞被動、挨打。

戰爭之中重要的地帶就是兵家必爭之地，哪方搶先佔據了必爭之地，哪個就能以逸待勞，就把住了主動權，就擁有克敵制勝的法寶。作戰中，最可怕的是疲於奔命，被對方牽著鼻子走，如此不要講打勝仗，可能不戰自敗。

石勒精通兵法中以逸待勞的戰術，把兵法與實際情況接合起來指揮作戰，制訂出了迅速出擊，不給來犯之敵有喘息之機的策略，使晉軍在疲於奔命的情形之下，最終大敗。

在現實生活之中，有很多事情欲速則不達，也就是因為處在劣勢之時，不能自我量力，強爭強奪而引起的後果。若是退而思過，自我審視其力，可能會出現柳暗花明又一村的景象。

西元前五七五年六月，晉楚兩國軍隊因伐鄭與求鄭在鄢陵相遇。楚軍方面的統帥是共王，司馬子反統領中軍，右尹公子壬夫率領右軍。晉軍方面的主帥是厲公，欒書統領中軍，士燮作副帥；郤錡統帥上軍，荀偃為副帥；韓厥統領下軍，郤至負責新軍。

六月三十日凌晨，楚軍逼進晉軍擺開陣勢，晉軍對此有些畏懼。中軍統帥欒書說：「楚軍軍心畏躁，只要我們堅守陣地，三天之後我們定能大獲全勝。」郤至則進一步分析了楚軍的弱點，他說：「現在楚軍有六個空子可乘，不能失去這個機會。他們的令尹和司馬不和，互相仇視；楚王的親兵都是舊家子弟，疲於戰爭；前來協助的鄭軍陣容不整；楚國的附從蠻夷小國的隊伍列不起陣來；他們打仗的時間沒有選擇好，沒有迴避月末這一天；士兵在陣中喧鬧不安，亂叫亂嚷，沒有紀律。舊家子弟未必是強兵良將，各軍互相觀望後顧，不會有鬥志，晦日（月末）出兵犯了大忌，這樣，我們肯定能克敵制勝。」從楚國逃到晉國的苗賁皇還向晉侯談了楚軍的虛實，他告訴晉侯說：「楚軍的精銳是中軍的王卒，我們如果先分兵攻打他的左右軍，然後集中三軍攻擊王卒，一定可以大敗楚軍。」晉厲公採納了這一戰術。

戰鬥一開始，雙方軍隊都往前進，晉厲公的乘車陷在了泥沼裡。欒書正要用自己的車去載晉侯，他的兒子欒針對他說，你是主帥，不能離開自己的職責，趕快去指揮戰鬥吧，我來救君主。隨即便跳下沼地，一手將厲公舉出泥坑。這時，晉將魏錡一箭射中楚共王的眼睛，共王氣憤急了，立即命令神箭手養由基給自己報仇，養由基一箭就把魏錡射死。然而，晉軍上下一心，個個奮戰，很快把楚軍逼迫到危險的地方。欒針奪取了令尹子重的帥旗，楚將公子茷當了俘虜。戰鬥從早晨一直打到傍晚才休戰。晚上，苗賁皇通告晉軍說：「現在檢查戰車，補充兵員，餵飽戰馬，磨礪武器，排好戰陣，各就各位，在休息處吃飯，再禱告一次，準備明天再戰。」並故意放鬆對楚國俘虜的看管，讓他們逃跑回楚軍中傳遞情報。楚共王聽到晉軍的部署情況，嚇得連夜帶楚軍逃走。

佚戰第五十六

嚴陣以待，以逸待勞

一個人，經營安樂窩，而又留戀於自己擁有的東西，是做不成什麼大事的。惟有小人、俗人，一輩子離不開鄉土家園，男子漢應該像射向遠處的箭一樣，志在天地四方。貪戀於自己歡喜的好人，遠於享受家室之樂，就會損害大丈夫一世之功名。

一個人心中沒有物欲，其胸懷則像秋天的碧空和平靜的大海那樣開朗；一個人閒居無事而有琴書陪伴消遣，生活則如同神仙般逍遙安逸。

〔原　文〕

凡與敵戰，不可持已勝而放佚，當益加嚴厲以待之，佚而猶勞。法曰：有備無患。

在同敵人作戰中，千萬不能持有一時的勝利而鬆懈，獲勝後應嚴陣以待，安逸時要像疲勞時一樣。兵法中說：有備無患。

〔譯　文〕

佚而猶勞　有備無患

這裡的《佚戰》，不是以逸待勞之意。而是提醒人們要時時提高警惕，有高度的備戰觀念，做到兵法上所說的「有備無患」。

在戰爭中，千萬不能因為打了勝仗，從而放鬆警惕，圖想安逸，而是更加小心謹慎，嚴陣以待。如果只顧貪圖享受，放鬆戒備之心，必然導致失敗。

古人云：「不備不虞，不可以師。」就是說不準備、不計劃到周詳地步，不可出師作戰。

諸葛亮則說得更深刻：「國家大事沒有比國防更重要的。戰備之事，稍有不慎、稍有閃失，則惹出大亂子，使全軍覆滅，將士受殺戮。所以，國家有危難，君臣上下都應盡力策劃，想出對策，選擇賢才作將帥。若處太平時期而不思慮可能發生的危險，敵人打來了而不知應對，滅亡的日子很快就要降臨。」

南北朝後期，北周的相國楊堅自立為皇帝，建立了隋王朝，楊堅即是隋文帝。隋文帝胸懷大志，決心一統天下，但在當時，隋文帝力量單薄，而北方的突厥人不時南侵，隋文帝便制定了先滅突厥、後滅陳國的戰略方針。

隋文帝在與突厥交戰期間，對南方的陳國採取了十分「友好」的策略：每次抓獲陳國的間諜，不但不殺，反要以禮相送還；即使是有人要投靠隋文帝，只要他是陳國人，隋文帝從隋、陳「友好」出發，仍毅然加以拒絕。為增加國家實力，隋文帝大膽實行改革，簡化了政府機構，鼓勵農耕，提倡習武。

在擊潰了突厥之後，隋文帝開始著手滅陳的行動。江南收穫的時間較早，每到收穫季節，隋文帝就派人大造進攻陳國的輿論，令陳國緊急調徵人馬，以至誤了農時。江南的糧倉多用竹木搭成，隋文帝派遣間諜潛入陳國，因風縱火，屢屢燒毀陳國的糧倉。經過幾年的折騰之後，陳國的財力、物力都遭受到不小的損失，國力日益衰弱。

為了渡江作戰，隋文帝派楊素為水軍總管，日夜操練水軍。楊素建造的戰船，最大的叫「五牙」，可乘八百人；小的叫「黃龍」，也可乘一百餘人。為了迷惑陳軍，屯兵大江前沿的隋軍每次換防時都要大張旗鼓，令陳軍恐懼不已，以為隋軍是要渡江作戰。渡江前夕，隋軍又派出大批間諜進行騷擾、破壞，攪得陳國軍民不得安寧。

但是，面對磨刀霍霍的隋軍，陳國國君陳後主竟然麻木不仁，依舊是醉生夢死。太史令章華冒死進諫，陳後主將章華斬首示眾。

西元五八八年十月，隋文帝以為條件已經成熟，指揮水陸軍五十萬人，從長江上、中、下游分八路攻陳，當元帥楊素的「黃龍」戰船在破曉時抵達長江南岸時，陳國守軍還都在睡夢之中。隋軍除在岐亭（今西陵峽口）遭到陳國南、康使占仲肅在江中以三條巨型鐵索的阻截外，一路上攻無不克，戰無不勝。

第二年的正月二十日，隋軍攻入陳都建康，陳後主倉惶躲入枯井之中，後被隋兵搜出，陳國就此滅亡。

勝戰第五十七

打勝仗的部隊驕傲、懈怠就會失敗

戰勝勇敢一定要用智謀，戰勝智謀一定要用德行，勝過德行一定要修行比敵人更高尚的德行。

作戰要靠勇、智、仁、義、德取勝。

打仗要靠士氣，成就事業需要志氣。

志是由理性而確定的目標，氣是由感情而產生的動力。

爲人要沉得住氣，小勝之後努力追求更大的勝利。

〔原　文〕

凡與敵戰，若我勝彼負，不可驕惰，當日夜嚴備以待之。敵人雖來，有備無害。法曰：既勝若否。

秦二世時，項梁使沛公、項羽別攻城陽，屠之。西破秦軍濮陽東，秦收兵入濮陽。沛公、項羽乃攻定陶，因西略地至雍丘，大破秦軍，斬李由，還攻外黃。項梁益輕秦，有驕色。宋義進諫於梁曰：「戰勝而將驕卒惰者敗。今兵少惰矣，而秦兵日益，臣為君畏之。」梁弗聽，而使宋義於齊，道遇齊使者高陵君顯，曰：「公將見武信君乎？」曰：「然。」曰：「今武信君必敗，公徐行即免死，疾行則及禍。」秦果悉兵益章邯擊楚軍，大敗之，項梁死。

〔譯 文〕

在與敵人作戰中，如果我軍取得了勝利，決不可驕傲鬆懈，應該日夜加強警戒嚴防敵軍。即使敵人來進犯，因為我軍有充分準備也不會受到損害。兵法上說：即使奪取了勝利也應該像沒有取勝一樣。

秦二世時期，項梁命令劉邦攻打陽城（今山東鄄城東南部），攻下以後屠殺城裡人民。再向西進軍，到濮陽東邊將秦軍打得大敗，逼迫秦軍退守濮陽。於是，劉邦、項羽攻占了定陶，再又向西攻打雍丘（今河南杞縣），秦軍又吃敗仗，秦將李由被殺，回頭再攻打外黃（今河南蘭考東南）。這時更加看不起秦軍，常常表現出驕傲的氣色。

宋義便向項梁建議說：「打勝仗的將領驕傲、戰士懈怠就要失敗。現在我軍有些懈怠，而秦軍卻每天在增軍，我很為您擔憂。」項梁不聽從宋義的勸諫，反而派遣他出使齊國。宋義在途中遇見齊國使者高陵君顯，宋義對顯說：「你準備去拜見武信君嗎？」高陵君顯說：「是的。」宋義又說：「現在武信君肯定會失敗的，你遲一些去就能免招殺身之禍，去得早就會禍及自身。」秦朝果然調集全部兵力增援章邯攻打楚軍，楚軍大敗，項梁戰死。

我勝彼負　不可驕惰

勝敗乃兵家常事。這句兵家口頭禪，說明了戰爭中的勝敗並不是絕對的，同時表明事物發展的必然規律，決定了敗中存勝，勝中存敗的可能性。

「塞翁失馬，焉知禍福」與「亡羊補牢」這兩個典故之哲理，告訴後人，世間並沒有絕對的勝，亦沒有絕對的敗。勝敗之轉換令人匪夷所思，其結果又往往無定律，令人難以捕捉這個玄機，也許正是戰爭這個怪物的魔力所在。

秦末時期的漢楚相爭，劉邦與項羽作戰，可以說是屢戰屢敗，卻又屢敗屢戰，然最後垓下一戰，四面楚歌，項羽落個自刎而死的下場。這就說明勝敗並無定數，關鍵在於勝之不驕，敗之不餒。

文章中項梁的失敗，就是被勝利沖昏頭腦而疏於防範所致。小勝而大敗，微利而大害，此乃千古遺訓。

西元前五九八年，齊頃公向魯國發起戰爭，佔領了魯國的大片土地，接著又打敗了來援救魯國的衛國。魯、衛二國慌忙向晉國求援。晉景公見魯、衛兩國同時求援，立即派大將郤克率八百輛戰車浩浩蕩蕩地開到魯國，與魯、衛兩軍會合，準備與齊國一決雌雄。

齊國有一員虎將名叫高固，他看到晉、魯、衛三國聯軍逼近自己的陣地，竟全然不放在眼裡，獨自一人闖入晉軍，趁晉軍慌亂之機，飛身奪得一輛戰車，驅車跑回自己營中，並在軍營裡到處飛跑，邊跑邊喊：「誰想要勇氣，請到我這來買，我還有很多剩餘的勇氣呢！」

齊頃公接連打敗魯國、衛國的軍隊，氣勢正盛，現在又看到高固一人獨闖晉軍，還奪得一輛戰車回來，於是更不把晉、魯、衛三國聯軍放在眼裡。雙方軍隊在鞌地擺好陣勢，約定來日清晨決戰。

第二天，齊頃公披掛整齊，登上戰車，進入陣地。這時，晉、魯、衛三國聯軍已嚴陣以待，而齊國尚未布好陣。

齊頃公不以為然，對身邊的將士說：「等我消滅了這些敵人之後再來吃早飯吧！」部將連忙勸阻道：「大王，我方陣勢還沒有布好，恐怕不妥。」

齊頃公道：「怕什麼？他們都是手下敗將，只要我們的大軍掩殺過去，他們就都抱頭鼠竄了！」說罷，親自擂響戰鼓，指揮三軍，發起攻擊。

齊軍的攻勢十分凶猛，但晉、魯、衛聯軍憑藉列好的陣勢，頑強抵抗，不肯後撤半步，戰鬥空前激烈。齊軍由於準備不足，雙方對峙不多時，將士們就開始顯露出信心不足。這時，晉軍元帥郤克手臂中了一箭，不能擂鼓，駕車的解張雖然也中箭負傷，但他立即接過郤克的鼓槌，奮力擊鼓。晉軍將士大受鼓舞，一個個齊聲吶喊，奮勇反擊。晉軍士氣大振，魯、衛兩國也受到鼓舞，齊軍紛紛後退。

郤克是位身經百戰的將領，他見時機已到，指揮大軍，奮力衝殺，齊軍落荒而逃，齊頃公幸得御手逄丑夫的保護，才沒有淪為晉軍的俘虜。

齊頃公驕傲輕敵，導致大敗，他在戰前所說的：「等我消滅了這些敵人之後再來吃早飯。」（即成語「滅此朝食」）一句話流傳下來，成為後人的笑柄。

敗戰第五十八

秣馬厲兵　以備再戰

做事有成功必然有失敗，一個人若能洞悉此中道理，凡事則不必太過於求成。使我失敗的不是敵人，而是我自己。幾幾乎成功的，似乎成功了，原來不是成功。幾幾乎失敗的，似乎失敗了，原來不是失敗。

一而再的失敗正是成功路上的指標，唯一不曾失敗的一次，就是成功的一次。惟有屢敗屢戰，才能邁向成功。

〔原文〕

凡與敵戰，若彼勝我負，未可畏怯，須思害中之利。當整理，礪器械，激揚士卒。候彼懈怠而擊之，則勝。法曰：因害而患可解也。

晉末，河間王顒在關中，遣張方討長沙王。方率衆自函谷入屯河南，惠帝遣左將軍皇甫拒之。方潛軍破商，遂入洛陽。商奉帝討方於城內。方軍望見乘輿，於是稍怯，方止之不可得，衆遂大敗，殺傷滿衢巷。方退壁於三十里橋。人皆挫衄，無復固志，多勸方夜遁。方曰：「兵之利鈍是常事，貴因敗以為成耳。我更前作壘，出其不意，此用兵之奇也。」乃夜潛進，逼洛陽城七里，商即新捷，不以為意，忽聞方壘成，乃出戰，遂大敗而退。

〔譯　文〕

雙方作戰時，如果我敗敵勝，我軍也不必害怕、膽小，應該考慮到不利的因素中也有有利的因素。必須整頓軍隊，磨礪兵器，激勵官兵。等到敵人鬆懈了，再猛擊他，這樣就能取勝。兵法上說：因失利而總結教訓，就能擺脫困境。

西晉末期，河間王顒在關中，命令都督張方討伐長沙王。張方帶領部隊出函谷（今河南靈寶東北）進軍黃河以南，晉惠帝命令左將軍皇甫商率軍抵抗。張方率軍奇襲，皇甫商大敗，張方終於進入洛陽。皇甫商再遵循晉惠帝的詔令到洛陽攻打張方。張方的軍隊見到有帝王的乘輿麾蓋，不禁有些膽怯，張方極力阻止不能成功，還是敗下陣來，死傷的人員遍及大街小巷。張方只好退到三十里橋。屬下因為慘受失敗，難以恢復從前的元氣，都勸諫張方乘著夜間逃走。張方說：「戰爭中勝利與失敗是常有的事，最可貴的是能敗中求勝。我在天黑之前擺下陣勢，就能出其不意，這是用兵的奇謀。」於是，連夜進發，前進到離洛陽七里之地。皇甫商剛剛取勝，對這點毫不在意，突然聽說張方的陣勢已經擺好，便倉促出兵應戰，結果是大敗而歸。

彼勝我負 未可畏怯

失敗是成功之母。作戰中若敵勝我敗，也不必畏懼膽怯、氣餒，而是從不利因素中尋出有利因素，整頓部隊，秣馬厲兵，以備再戰。

世間沒有常勝不敗之將，智者千慮，必有一失。吃了敗仗，遇到困境，也不足為怪。兵法中說：因為失敗而總結失敗，就可以擺脫困境。怎樣對待暫時的失敗，從敗中求勝呢？

《百戰奇略·敗篇》說：「為將者，在敗中善於伺機、造機，同時又不給敵人以可乘之機者為良將；見機能奪機、握機，又能及時彌合縫隙者為能將；遇機能乘機，重創敵人者為勇將；既不能造機，又不能識機，眼睜睜地錯機、失機者為庸將。」

作為一個現代管理者，要借鑒良將、能將，勿蹈庸將之轍。

企業中出現不景氣的情況是危機，但是，因而獲得人與確定規章制度則成為良機，不景氣時對於企業的體制改革來說正是良機。

唐朝末年，以魏博節度使田悅為首的「四鎮」聯合起兵對抗朝廷，唐王朝派足智多謀的河東節度使馬燧率兵去平定叛亂。

馬燧連敗田悅，長驅直入攻至河北三個叛鎮的轄地，由於進兵過快，糧草供應不上，馬燧陷入困境。田悅覺察到馬燧的難處，深居壁壘之中，拒不出戰。

數天後，馬燧的糧食將盡，窘迫中，馬燧苦苦思索逼田悅出戰的計策，忽然想到田悅的老巢在魏州（今河北大名東北）。馬燧拍案而起，「如果去攻打魏州，不怕他田悅不救！」於是，馬燧命令部隊在半夜潛出軍營，沿洹水直奔魏州，又令數百騎兵留在營內，擊鼓鳴角，燃點營火。天亮後，馬燧大軍已全部離開大營，留守的騎兵停止擊鼓鳴角，也潛出軍營，按照馬燧的命令隱藏起來。

唐營一片寂靜，田悅聞報後，派人去偵察，發現是一座空營。不久，又有探騎飛報：馬燧率大軍撲向魏州。田悅大吃一驚，急忙傳令退軍，親率輕騎馳救魏州，在半途中追上了嚴陣以待的「官軍」。

馬燧以逸待勞，向田悅發起進攻，但田悅叛軍很有戰鬥力，漸漸地，「官軍」的兩翼落了下風。馬燧見戰局不妙，親率自己的河東軍殺入敵陣，又傳令擊鼓助威。「官軍」的兩翼勇氣大增，返身向田悅發起反攻，田悅終於抵擋不住，向洹水邊退去。到了洹水河邊，三座便橋早已被馬燧留守大營的騎兵燒毀，叛軍頓時大亂。

馬燧見機不可失，揮軍掩殺過來，叛軍只好跳水逃命，溺死無數。這一仗，田悅的叛軍被斬殺二萬多人，數千人被俘，田悅只帶千餘人逃回魏州，元氣大傷。

進戰第五十九

能進能退　能屈能伸

前進而使對方無法抵禦的，是由於襲擊對方懈怠空虛之處。得其勢，便趁勢而進，時勢不濟，便退待其時，能進能退，能屈能伸，便可安身立命。

處世讓一步為高，退步即進步的張本；待人寬一分是福，利人是利己的根基。

〔原　文〕

凡與敵戰，若審知敵人有可勝之理，則宜速進兵以搗之，無有不勝。法曰：見可則進。

唐，李靖為定襄道行軍總管，擊破突厥。頡利可汗走保鐵山，遣使入朝謝罪，請舉國歸附。請往迎之。頡利雖外請朝謁，而內懷遲疑，靖揣知其意。時詔遣鴻臚卿唐儉等慰諭之。靖謂副使張公謹曰：「詔使到彼，彼必自安。若萬騎齎三日糧，自白道襲之，必得所欲。」公謹曰：「上已與約降，行人在彼奈何？」靖曰：「機不可失，韓信所以破齊也。如唐儉輩何足惜哉？」督兵疾進，行至陰山，遇其斥候千餘，皆俘以隨軍。頡利見使者大悅，不虞官官。李靖前鋒乘霧而行，去其牙帳七里，頡利始覺，列兵未及陣，靖縱兵擊之。斬首萬餘級，俘男女十餘萬，擒其子疊羅施，殺義成公主，頡利亡去，為大通道行軍總管張寶相擒以獻。於是斥地自陰山北至大漠矣。

〔譯　文〕

凡是同敵人作戰時，如果斷定有戰勝敵人的把握，就要迅速出擊，以便毀滅敵人，這樣就能無往而不勝。兵法中說：看到有可勝之處就要進兵攻擊。

唐代時期，李靖出任定襄（今呼和浩特市東南）道行軍總管，打垮了突厥人。東突厥首領頡利可汗逃往鐵山（今內蒙陰山北），並派遣使者到唐朝來告罪陪禮，情願舉國歸附唐朝。李靖前去迎降。頡利可汗表面上是來拜見唐朝，裡面卻懷有疑心。李靖測度到了他的用意，這時，朝廷派出鴻臚卿唐儉帶領一些人去安撫頡利可汗。

李靖對副使張公謹說：「朝廷詔令使者到那裡去，他們必然心安理得。如果派出了萬名騎兵，帶著三天的食物，從白道（今呼和浩特市西北）進兵奇襲，必然能達到目的。」張公謹說：「既然聖上已經同意突厥人投降，何況使者已經到達那裡，如果被殺害又怎麼辦呢？」李靖說：「大好時機不能錯過。韓信因為利用了這點才打垮了齊國。像唐儉這樣的人又有什麼可惜的呢？」便指揮部隊迅速前進，走到陰山之前，遇到突厥軍前哨官兵一千多人，李靖並把那些人全數捕俘，留任在部隊中同行，頡利可汗看到唐代使者非常高興，不再害怕唐代官兵的攻擊。李靖的先頭部隊乘著重霧，前進到突厥人的營寨僅有七里路遠，頡利才察覺到，倉促整頓部隊，還沒有列好陣勢，李靖已指揮部隊衝殺過來了。

唐軍殺死了一萬多名敵人，俘虜了十多萬突厥人，活捉了頡利可汗的兒子疊羅施，斬殺了義成公主，頡利可汗逃跑而去，後來被唐代大通道行軍總管張寶相捉住獻給朝廷。於是唐代的疆域開拓到了陰山的北面，並且一直沿伸到大沙漠。

審知敵人　見可則進

若斷定有戰勝敵人的把握，就應該迅速出擊重創敵軍，如此必可獲勝。

戰爭之中進攻一方往往因兵強勢大而發起攻擊，這是進攻的可行性含義；進攻的必然性含義在於己方有必勝把握，有足以打敗敵人的必然趨勢。文章中唐代將領李靖對突厥人的習性非常清楚：順叛交替，反覆無常；驍勇善戰，但缺少智謀。李靖利用突厥新敗，再次稱降放鬆戒備之機，用奇兵突然進擊，一舉成功。

這就說明在有必勝把握之下，不進攻滅敵等於貽誤戰機。放虎歸山，則後患無窮。

孫子曾認為：行軍千里而不勞累，是由於進攻的是敵人不曾設防的地帶；進攻而必能取勝，是由於進攻了敵人沒有防備的地區，李靖大敗頡利可汗，顯示了他具有卓越的軍事才能與當斷即斷的指揮魄力。

西元前五九四年，楚國征服了宋國，取得了爭霸優勢。晉景公於是調整戰略方針，派荀林父率領大軍進攻赤狄潞氏。

為了師出有名，晉人列出了狄人的五大罪狀：不祭祀祖先，是第一罪；嗜酒過度，是第二罪；廢棄賢人仲章並侵佔了黎氏的土地，是第三罪；殺害晉國的伯姬，是第四罪；損壞了本國國君子嬰的眼睛，是第五罪。

當年六月十八日，荀林父所率的晉軍在曲梁打敗了赤狄。晉景公將狄人的奴隸一千戶賞給荀林父。景公還派趙同為使臣，向王室進獻俘獲的狄人。

到西元前五八八年，晉國基本上完成了對狄人的作戰，狄人各部都被晉軍打敗。這樣，晉國不但解除了後顧之憂，而且把領土擴展到了太行山以東，到達了今河北的西部。晉國的國力由此又強盛了起來，於是向南同楚國再次展開爭奪霸主的鬥爭。

退戰第六十

不能取勝　立即撤退

一個人的名利、權位，志得意滿時應該見好便收，要有激流勇退的明哲保身態度，盡早覺悟。

當事業順利進展時，則應該早有一個抽身隱退的準備，以免將來像山羊角夾在籬笆裡一般，把自己弄得進退兩難。

每做一件事，開始就要預先策劃好在什麼情況下應罷手，不至於以後像騎在老虎身上一般，無法控制形成的危險局面。

〔原　文〕

凡與敵戰，若敵衆多寡，地形不利，力不可爭，當急退以避之，可以全軍。法曰：知艱而退。

三國，魏將曹爽伐蜀，司馬懿同行，出洛谷，次於興元。蜀將王琳乘夜襲擊，懿令堅壁不動。琳退，懿謂諸將曰：「費褘據險拒守，進不獲戰，攻之不可急，宜急旋軍以為後圖。」爽等遂退。褘果弛兵趨三嶺爭險。爽等潛師越險，乃得退。

〔譯　文〕

凡是與敵人作戰，如果敵眾我寡，地形對我軍也不利，盡了最大力量仍然不能取勝，就應該迅速撤退避開敵人，這樣就能保全自己的軍隊。兵法中說：知道不能取勝就應馬上撤退。

三國時，魏將曹爽討伐蜀國，司馬懿與曹爽同行，部隊經過洛谷，而後到達興元（今陝西南鄭縣）。蜀國將領王琳利用夜色偷襲魏營，司馬懿下令堅守不準出戰。王琳撤退時，司馬懿對各位將領們說：「如今費褘佔領了險要地形進行防守，我方向前不能作戰，就是能進攻也不能速戰速決，最好是退兵，以便再作圖謀。」曹爽及各位將領都決定率軍後退，費褘果然帶兵迅速奔向三嶺，搶佔有利地形。曹爽等偷偷地率領部隊走出了危險地帶，便撤退回去。

地形不利　知艱而退

在實戰之中，如果敵眾我寡，地形對我軍不利，則宜當立即撤退以避免部隊的傷亡，如此則可保全軍隊。

《三十六計・走為上策》中說：「全軍撤退，避開敵人的正面進攻。看情況的變化，有時也不惜退陣，這也是用兵原則之一。」以退為進是兵法中常用的戰術。孫子認為：弱小的部隊堅持硬拼硬打，就有被強大敵人俘虜的可能。又認為：在險要地帶，如果敵人搶先佔據了，我軍則應急速撤退，決不能攻擊。

這就從力量對比方面與地形角度方面，論證了根據實情該退則退的道理。

本文中魏將司馬懿認識到自己人少兵弱，而又失去險地的基礎上，做出了撤退的決策，使魏軍得以保全。

三國時期，諸葛亮在五出祁山前聯合東吳同時攻魏。孫權派荊州牧陸遜和大將軍諸葛謹率水軍向襄陽進攻，自己親率十萬大軍進至合肥南邊的巢湖口。魏明帝曹睿一面派兵迎擊西蜀的軍隊，一面率大軍突襲巢湖口，射殺吳軍大將孫泰，擊潰吳軍。

諸葛謹在途中聽說孫權已經退兵，急忙派使者給陸遜送去信件，建議陸遜退兵。使者很快返回，告訴諸葛謹：「陸遜正在與部將下圍棋，讀罷信後，只把信件放在一邊，又繼續下棋去了。」諸葛謹又問陸遜部隊的情況，使者回答說：「陸遜的士兵們都在兩岸忙著種豆種菜，對魏軍的逼近並不在意。」

諸葛謹不放心，親自坐船去見陸遜，對陸遜說：「如今主公已經撤軍，魏軍必然全力以赴來進攻我們，將軍不知有何妙計？」

退一條路可走了。」

陸遜道：「如今魏軍佔有絕對優勢，又是攜大勝之威，我軍出戰，絕難取勝，自然只有撤

諸葛瑾道：「既然要撤，為何還按兵不動？」

陸遜回答：「敵強我弱，我軍一退，敵人勢必掩殺過來，那種混亂局面，不是我、你能控制了的。我的想法是這樣……」陸遜屏退左右，悄聲說出了一條計策，諸葛瑾聽後，贊嘆不已。

諸葛瑾辭別後，陸遜從容地命令軍隊離船上岸，向襄陽進發，並大肆宣揚：不攻下襄陽，誓不回兵。

魏軍聽說陸遜已棄船上岸，向襄陽開來，立刻調集人馬，準備在襄陽城外迎戰吳軍。一些將領對陸遜是否真的進攻提出質疑，但魏軍統帥早已接到密探的報告，就陸遜的部隊在兩岸種豆種菜，毫無撤退之意，魏軍因而統一了認識，全力備戰，準備給陸遜毀滅性的打擊。

陸遜率大隊人馬向襄陽挺進，行至中途，突然下令停止前進，並改後隊為前隊，疾速向諸葛瑾的水軍駐地撤退。諸葛瑾離開陸遜回到水軍大營後，早已把撤退的船隻準備妥當，陸遜的將士一登上船，一艘艘戰船就滿載將士們揚帆駛返江東。

魏軍久等陸遜，不見陸遜的影子，待發覺上當，揮師急追時，陸遜全部人馬已平安撤走，魏軍追至江邊，只好望「江」興嘆。

挑戰第六十一

使敵怒而亂謀　而後乘機敗敵

挑戰是誘戰的一種形式，其具體手段是以輕慢之舉激怒對方，令敵軍怒而亂謀，然後乘機敗敵。

孫子認為，如果兩軍相距較遠，敵人前來挑戰的目的是想把我軍引進伏擊圈，從而達到獲勝的目的。

將帥如果急躁易怒，遇敵輕進，就會中敵軍輕侮挑戰之計的危險。

〔原　文〕

凡與敵戰，營壘相遠，勢力相均，可輕騎挑攻之，伏兵以待之，其軍可破。若敵用此謀，我不可以全氣擊之。

法曰：遠而挑戰者，欲人之進也。

十六國，姚襄拍黃落，苻生遣將苻黃眉、鄧羌等率步騎討襄。襄深溝高壘，固守不戰。鄧羌曰：「襄性剛愎，易以撓動，若長驅一行，直壓其壘，襄必忿而出戰，可一戰而擒也。」黃眉從之，遣羌率騎三千軍於壘門。襄怒，盡銳出戰，羌偽不勝，率騎而退，襄追之於三原，羌加拒襄，而黃眉至，大戰，斬之俘其衆。

〔譯　文〕

同敵人作戰中，如果敵我雙方的營寨相距較遠，勢力相等，可以派遣騎兵前去挑釁進攻敵人，並且埋下伏兵等待敵人，這樣就可以攻破敵人，若是敵人也用這種方法對付我軍，我則千萬不可全軍出動攻擊敵人。

兵法上說：敵人遠道而來挑戰，是為了誘惑我貿然進擊。

十六國時代，姚襄佔據著黃落（今陝西銅川西南），苻生命令大將苻黃眉與鄧羌等將領帶著步、騎兵前來攻打姚襄。姚襄憑借深壕高壘，堅守不出。鄧羌說：「姚襄本性剛愎自用，但容易被挑動，如果命令一支隊伍長驅直入，直到逼近他的營寨，他肯定會被激怒出戰，這樣就能一戰而擒獲他。」

苻黃眉聽從了鄧羌的計謀，便命令鄧羌帶領三千騎兵一直衝到姚襄軍營前。姚襄非常生氣，統領全部人馬出城交戰，鄧羌佯裝敗退，姚襄緊追到三原（今陝西三原東北），鄧羌又調轉頭來接戰，苻黃眉統領大軍已到。經過激烈戰鬥，斬殺了姚襄，俘虜了他的部屬。

營壘相遠　輕騎挑攻

敵我勢力相當，雙方都嚴陣以待，互不敢先出兵攻擊之時，則以小股部隊引誘敵人，而後埋下伏兵一舉殲滅他們。

孫子認為：「如果兩軍相距較遠，而去挑戰，其目的是為了把敵軍引進伏擊圈之內，以便一舉殲滅獲勝。」

挑戰是誘敵出擊的一種形式，其目的是以輕慢行為激怒對方，使敵人怒而亂謀，而後乘機敗敵。這種以示形的軍事藝術，在當今世界上，政治家、外交家、企業家均把它視為戰勝對手的法寶，運用於自己的社會實踐活動之中。

作戰中，為了滿足對方的某些要求，往往以小利誘敵就範。在經營中，施以小惠而做大生意之方法廣泛應用於推銷與商業談判中，有的企業針對人們的求利心理，對顧客予以優惠待遇，鼓動他們擴大購買量並經常光顧。

齊桓公稱霸之初，不僅南方的楚國漸強而北進，北方的戎狄也見中原諸侯長期紛爭而乘機南下。西元前六六四年，山戎統兵萬騎，攻打燕國，想阻止燕國通齊。燕莊公抵敵不住，告急於齊國，齊桓公親自率領齊師救燕。

山戎聽說齊國的大隊人馬來臨，便擄掠了大量燕人的財物，自動解圍而去。齊軍和燕軍會合後，北出薊門關，追擊山戎逃兵。然而，先頭部隊在林中遭到了山戎的伏擊，幸虧後續部隊及時趕到，將設伏的山戎殺散，才避免了更大的損失。

齊軍根據實際情況，及時改變策略。他們在伏龍山下安營紮寨，用戰車連結成車城，士卒居於車城的中間，這樣一來，山戎幾次進攻，都未能突破。於是，山戎也改變策略，在齊軍營寨前留下部分兵卒，這些士卒下馬臥地，口中謾罵，進行挑戰，目的是誘使齊軍出營，然後再將齊軍引至山林之中，用伏兵殲之。

隨軍的管仲識破了山戎的用心，建議齊桓公將計就計，也用假敗退的方式設伏誘敵，創造機會殲滅山戎。桓公採納了管仲的謀略，他將齊軍分為三路，命令中路迎擊營門前的敵兵，左路和右路相互接應，專門對付山戎的伏兵。

這一天，山戎再次來齊軍的營前挑戰，齊軍從中路殺將出來。山戎見齊軍出城迎戰，以為中計，故意棄馬而逃，但是，出戰的齊兵並不追趕，反而鳴金回營。這樣一來，山戎原來的部署被打亂，埋伏在山谷中的伏兵也只好出來追擊返營的齊軍，可是，就在這時，齊軍左右兩路迅速殺出，兩面夾擊山戎伏兵，結果，殺得山戎大敗而逃。

齊軍兼程追擊山戎，山戎先是退至黃臺山，後逃入孤竹國。齊軍兵圍孤竹國，孤竹國派元帥獻出山戎首領首級詐降，並將齊軍誘入沙漠。幸虧老馬識途，齊軍才走出險境。在奔赴孤竹國無棣城的路上，管仲見躲進山谷的百姓也扶老攜幼，紛紛回城，頓生一條破城的妙計。

他派數名將士假扮成百姓，隨著回城的人流混入城中，半夜舉火為號，又分兵三路攻打無棣城的東南西北，留著北門讓敵軍逃路，並讓王子成父和隰朋埋伏在北門外面。

午夜，城中多處起火，同時齊軍內應又破開城門，使攻城人馬入城。孤竹國元帥知道情勢不妙，保住國君向無齊兵攻打的北門逃出。出得城門，便被齊軍伏兵截住，二人皆被斬首。齊桓公滅了山戎令支、孤竹，收地五百里，都贈於燕莊公。

齊的威望更加提高。

致戰第六十二

善於調動敵人而不被敵人調動

所謂致知格物者，致吾心之良知於事事物物也。吾心之良知，即所謂天理也。致吾心良知之天理於事事物物，則事事物物皆得其理矣。致吾心之良知者，致知也。事事物物皆得其理者，格物也。

〔原　文〕

凡致敵來戰，若彼勢常虛，不能赴戰，而我勢常實，多方以致敵之來，我據便地而待之，無有不勝。法曰：致人而不致於人。

後漢，建武五年，光武詔耿弇，悉收集降附，結部曲，置將吏。弇率騎都尉劉龍、泰山太守陳俊將兵而東。張步聞之，使其將費邑軍歷下，又令兵屯祝阿，別於泰山、鍾城列營數十以待之。

弇渡河先擊祝阿。拔，故開圍一角令其衆得奔歸。鍾城人聞祝阿已潰，大恐，遂空壁亡去。費邑分兵，遣其弟費敢守巨里。弇進兵先脅巨里，嚴令軍中趕修攻具，後三日悉力攻巨里城。陰使亡歸，以弇期告邑。邑至日果將精兵來救。弇謂諸將曰：「吾所以修攻具者欲致之耳。野兵不擊，何以城為？」即分兵守巨里，自帥精銳上岡坂，乘高合戰，大破之，斬邑。即而取首級，以示巨里。城中懼，費敢亡歸張步。弇悉收其聚積，縱兵攻諸未下形者，平四十餘營，遂定濟南。

〔譯　文〕

要想使敵人來交戰，如果他們的力量弱小，不能應戰，而我方勢力雄厚，就要用計謀誘使敵人前來。這樣我軍就可以搶先佔據有利地形，等待敵人，沒有不取勝的。兵法上說：要能調動敵人而不被敵人調動。

東漢建武五年（西元二九），光武帝詔諭耿弇，命令他把各處投降、歸附的人員全部召集起來，組編成部隊，且設置文官武將。耿弇與騎兵都尉劉龍、泰山太守陳俊共同率領這些部隊東進。張步聽到這個消息，就讓部將費邑屯兵歷下（今山東濟南西部），又派一支隊伍駐守祝阿（今山東楞城西南），另外在泰山、鍾城等地設置了幾十個營陣，等待耿弇。

耿弇先渡過黃河，進攻祝阿。攻下城邑之後，有意放開一角讓敵人逃回去。鍾城的人聽說祝阿已經潰敗，大為驚恐，於是放棄鍾城全部逃走。費邑又命令他弟弟費敢分兵守巨里。耿弇便進兵威脅巨里，嚴令軍隊趕製攻城武器，做好三天後攻打巨里城的準備。暗中有意讓費敢的人逃回，把耿弇攻城的時間告訴費邑。費邑果真在那天率領精銳部隊趕來支援。耿弇對將領們說：「我之所以要趕緊製造攻城武器，目的是想引誘敵人前來應戰。外圍的敵軍不消滅，攻下一座空城又有什麼意義？」便分兵扼守巨里，自己帶著精兵，登上山崗，居高臨下作戰，果然大敗費邑，費邑被斬殺。割下費邑的首級，高懸在巨里城外，巨里城的人都非常害怕。費敢逃到張步的營盤。耿弇獲取了巨里城中的全部物資，再指揮軍隊攻打各個尚未攻下的地方，蕩平敵營四十多座，濟南終於平定了。

便地而待　無有不勝

如若敵人力量虛弱，不能應戰，而我方勢力強大，就要設法用計使敵人前來作戰。我軍佔據著有利地形，靜候敵軍，這樣則戰無不勝。

作戰的主動權操縱在哪一方手中，哪一方就能取勝，這是「致戰」真諦。孫子認為：「誰先佔據了戰場，期待敵方遠道而來，則處於主動地位，後到達戰場倉促應戰的則處於被動地位。」所以，善於指揮作戰的人，總是能夠調動敵人而不被對方所調動。劉伯溫認為：「善用兵者，能奪取主動權而不被敵人奪去主動權，奪取主動權，則全靠心靈機智。」

在不斷變化發展技術、經濟與市場環境中，企業怎樣創新產品滿足社會需要，是經營者面臨的重要挑戰，是競爭取勝的必經之路。樂於迎接新的挑戰，勇於創新的企業則站在時代的前端，有著興旺發達的前景；因循守舊、墨守陳規，固步自封的企業則在競爭中被淘汰。

南北朝時期，北魏太武帝拓跋燾率三萬大軍包圍了夏都統萬城，夏主赫連昌堅守不出，企圖等待援軍，內外夾擊，打敗拓跋燾。

拓跋燾連日攻打統萬城，一無所獲，又擔心赫連昌的援軍會趕來。他苦苦思索，終於想得一條妙計。幾天後，拓跋燾下令退兵，並且故意裝出虛弱狼狽的樣子，對那些撤退緩慢的士兵狠狠鞭打、百般辱罵，以期挨打的士兵會不堪凌辱逃奔夏主赫連昌。

果然有魏兵逃到了統萬城。他們向赫連昌「告密」說：「魏軍步兵未到，輜重還在後方。現在軍士每天吃菜，已經斷糧了。」赫連昌十分驚喜，親率三萬精兵，出城突襲。

拓跋燾見赫連昌中計，便傳令部下，佯敗後退，引誘敵軍追趕，拓跋燾一直把夏軍引到埋伏精兵的山谷之中，一聲鼓響，伏兵齊出，雙方絞殺在一起。拓跋燾率先殺入夏軍之中，身中數箭，仍衝殺不止。

魏軍官兵見皇上如此神勇，個個以一當十，夏軍抵抗不住，倉惶後退，夏主赫連昌的弟弟和侄都戰死在亂軍之中。拓跋燾指揮大軍乘勝掩殺，一鼓作氣，攻入統萬城中，奪取了統萬城，夏主赫連昌只帶少數親信逃得性命。

遠戰第六十三

要向遠處而佯裝向近處

爲人者宜「志當存高遠」，應有崇高遠大的理想，反對「碌碌滯於俗，默默束於情」的傾向。

若「志不强毅」，胸無大志，其結果必然是「永竄伏於凡庸，不免於下流」而已。

爲人者自我價值的實現，很大程度上取決於他爲自己樹立的目標何在。不捨燕雀小志，豈能致鴻鵠之大志？

〔原　文〕

凡與敵阻水相拒，我欲遠渡，可多設舟楫，示之若近濟，則敵必拜衆應之，我出其空虛以濟。如無舟楫，可用竹木、蒲葦、罌缻、瓮囊、槍杆之屬，綴為排筏，皆可濟渡。法曰：遠而示之近。

漢初，魏王豹初降漢，復以親疾請歸，至國，即絕其河關，反與楚約和。漢王遣酈生往說豹，不聽。漢以韓信為左丞相擊豹，盛兵蒲坂，塞臨晉，信乃益為疑兵，陳船欲渡臨晉，而引兵從夏陽，以木罌渡軍，襲安邑。魏王豹驚，帥兵迎戰，信遂虜豹定魏。

〔譯　文〕

與敵人隔水相抗，如果我軍準備從遠處渡水，可以多置辦一些船隻，向敵顯示要從近處渡水，讓敵人調集兵力來防守，再從敵人防守空虛的地帶渡河。如果沒有船隻，就使用竹木、蒲葦、罌瓴、瓮囊、槍杆之類，組成排筏，都可以渡河。

兵法上說：要向遠處進攻而佯裝向近處進攻。

漢初，魏王豹剛剛投降漢朝，又以母親有病為理由請求回老家，回到魏國，就把河口山關斷絕，反叛漢朝並與楚國盟約結好。漢王派遣酈生前去勸說魏豹，魏豹不聽從。漢王便以韓信為左丞相領兵攻擊魏豹，魏豹用重兵防守蒲坂（今山西永濟西部），堵塞了通向晉國的道路，韓信便設置多處疑兵，準備了不少船隻佯裝要渡河臨晉，暗中統領兵馬從夏陽（今陝西韓城南），以木排、罌瓴等物器渡越黃河，奇襲安邑。魏豹大為震驚，倉促領兵迎戰，於是韓信俘獲了魏豹，魏國終於被平定。

我欲遠渡　示若近濟

我軍想從遠處渡水作戰，則要多備船隻，做出要從近處渡水的樣子，吸引敵人集中兵力來防範，這時我軍出其不意，乘敵人遠處空虛之機，渡水作戰。

兵書中說：「釋實而攻虛，釋堅而攻脆，釋難而攻易，此百戰萬勝之術也。」

「虛實」是古代軍事上的術語，也是兵法中的一個重要命題。「虛實」這對範疇在古代兵家書籍中佔有重要位置。《孫子》言「避實而擊虛」，《管子》言「乘瑕則神」，《吳子》言「用兵必審其虛實而趨其危」，其基本觀念均強調作戰要避開強大而有實力的敵人，攻擊有機可乘的虛弱敵人。

這不僅是兵家的實用原則，企業家在從事經營生產和企業競爭中，同樣要以這些格言作為競爭的指導原則。企業競爭，亦是一場不宣而戰的特殊「戰爭」，它與軍事戰爭一樣，同樣是你死我活的拼鬥。

近戰第六十四

想從近得進攻而佯裝從遠處進攻

人的眼睛，能夠看到百公尺之外的事物，卻看不到距離它最近的睫毛，這是一個鐵定的事實。

同時這一事實也昭示著人的智力誤區，即古人所謂「目短於自見，智短於自知」是也。

有小詩曰：「天天和你在一起，卻看不清你的模樣，這是因為，我們靠得太近。」真的是這樣嗎？

〔原　文〕

凡與敵夾水為陣，我欲近攻，反示以遠。須多設疑兵，上下遠度。敵必分兵來應，我可以潛師近襲之，其軍可破。法曰：近而示之遠。

春秋，越人伐吳，吳人禦之。笠澤夾水而陣，越人為左右陣，夜鼓噪而進，吳軍大敗，遂至滅亡。

〔譯　文〕

與敵人隔水為陣，如果想從近處進攻，反而要故意顯示從遠處進攻。必須多處設置疑兵，從上游或下游遠處佯裝渡河。如此，敵人必定要分兵各處防守應戰，我軍就能夠從近處悄悄渡河而襲擊敵人，這樣，敵營必然被攻破。

兵法上說：要想從近處進攻，必須佯裝從遠處進攻。

春秋時代，越國人攻打吳國，吳國防禦，雙方在笠澤（今江蘇太湖附近）隔水列陣。越國軍隊列為左右陣，在夜間鳴鼓喊叫著前進，發動進攻。吳軍大敗，終於滅亡。

我欲近攻　反示以遠

兵法上說：欲從近處進攻，就要做出從遠處進攻的樣子。近戰與遠戰的道理一樣，欲近戰則在遠處擺開作戰的架勢，用以迷惑對方，而後出其不意，重創敵軍。

作戰的重要之處就是把握住戰爭的主動權。怎樣取得主動權呢？發動突然襲擊，攻敵軍的要害之處，猛攻敵人的空虛之地。戰爭中出其不意，攻其不備的謀略在現代市場競爭中得到廣泛的運用。一個成功的企業都有自己的特色：激發創新精神，開發新產品；避實擊虛，尋找市場縫隙；談判中爭取主動，採取先發制人的謀略；採用多元化經營方針。

在商業談判中，爭取主動權亦是首要問題。一些管理者都想出各種有效之策，在不知道怎樣取得充分時間考慮之前，不同任何人洽談。讓自己有緩衝時間思考，則不致於被迫做出匆忙決定。

東漢末年，宦官專權，官場腐敗。當時有一個奇特的現象是：官吏們為一己私利，爾虞我詐、互相攻擊，官司打到朝廷，誰先「告狀」，誰就能贏。

名將太史慈就遇到了這樣一樁事：他所在的州郡中，刺史（州的最長官），與郡守（郡的最高長官）翻了臉，刺史搶先一步，派人把奏章送到京都，郡守寫好奏章時，已晚了一步。郡守決定挑選一名精明能幹的人設法搶在刺史之前把奏章送上去，太史慈被郡守選中了。

太史慈懷揣郡守的奏章，馬不停蹄地趕到京都洛陽，發現刺史派出去送奏章的人正等候在接受奏章的官署前，還沒有把奏章送上去。太史慈心生一計，拍馬上前，裝作朝廷命官的樣子問：「你是哪裡來的？是送奏章嗎？」

刺史派去的官吏不辨真假，如實做了回答。

太史慈又問：「奏章的格式有沒有錯誤啊！拿給我看看！」

那人立即從車中取出奏章，雙手呈給太史慈。太史慈接過奏章，走馬觀花地看了一遍，取出一把刀子，把奏章劃成碎片，又乘對方驚愕之際，說：「我是奉郡守之令來察看刺史的奏章是否已經呈遞上去了，不過，郡守並未讓我毀掉刺史的奏章，現在我們是難兄難弟了，大丈夫四海為家，我們何必為他們之間的勾心鬥角賣命呢?大家都逃走吧！」

太史慈說服那名官吏與他一起逃出京城，然後各奔前程。太史慈走了一程後，又折回京都，把郡守的奏章呈送上去，方才回到住處向郡守交差。

刺史得知自己的奏章被毀，急忙再寫奏章，日夜兼程送往京城，但朝廷早已收到郡守的奏章，對刺史的奏章不感興趣，因此，這一場「窩里鬥」，以刺史的失敗而告終。

太史慈自此以智勇雙全而聞名。

水戰第六十五

無論是在水邊結陣，還是在水中用船隻，都稱水戰

自己活動，並能推動他人的，是水；
經常探求自己方向的，是水；
遇到障礙物時，能發揮百倍力量的，是水；
以自己的清潔洗淨他人的污濁，有容清納濁的寬大度量，是水；
汪洋大海，能蒸發爲雲，變成雨、雪，或化成霧，又或凝成一面如晶瑩明鏡的冰，無論其變化怎樣，仍不失其本性的，是水。

〔原　文〕

凡與敵戰，或岸邊為陣，或水中泊舟，皆謂之水戰。近水為陣者，須去水稍遠。一則誘敵使渡，一則示敵無疑。我欲必戰，勿近水迎敵，恐其不得渡。我欲不戰，則拒水阻之，使敵不

能濟。若敵渡水來戰，可於水邊，伺其半渡而擊之，則利。法曰：涉水半渡可擊。

漢，酈生說齊下之，齊王日與生縱酒為樂，而罷守備。蒯通說信，遂渡河襲破齊。齊王以酈生為賣己，烹之而走高密，請求於楚。楚遣龍且將兵救齊，或曰：「漢兵遠鬥窮寇，戰鋒不可當也。齊楚自居其地，戰，兵易敗散，不如深壁。令齊王使其信臣招所亡城，城人聞王在楚求救，必反漢。漢二千里客居齊，齊城皆反之，其勢無所得食，可毋戰而擒也。」龍且曰：「吾知韓信為人易與耳。今君救齊不戰而降之，有何功？今戰而勝，齊半可得。」進兵與漢軍夾濰水而陣。

信夜使人囊沙壅水上流已渡，擊其軍，佯敗走。龍且喜，曰：「吾固知信怯。」遂追之。信使人決壅，水大至。龍且軍大半不得渡，即擊殺且，軍走亡去，遂平齊而還。

〔譯　文〕

凡是同敵人作戰，無論是在岸邊結陣，還是在水中動用船隻，都稱為水戰。靠水邊擺列陣勢，要離水邊稍遠一些，這樣，一則可以誘使敵人渡河，二則不使敵人生疑心，如果自己決心作戰，就不能靠近水邊迎戰，以免敵人不來渡河；如果自己不願作戰，要臨近水邊抗擊敵人，使敵人無法渡河；如果敵人渡河來作戰，就在岸邊等候敵人，在敵軍渡了一半時發動攻擊，如此就能夠取勝。

兵法上說：當敵軍渡河一半時，就可以發動攻擊。

漢代時期，漢王部屬酈生游說齊國，勸諫齊王歸漢，齊王每天和酈生飲酒作樂，從而解除了防備。謀士蒯通勸告韓信攻奪齊國，於是韓信渡過黃河攻下了齊國。齊王認為酈生出賣了他，便將酈生活活烹殺了，然後逃到高密（今山東境內），向楚國求救，楚王便命令龍且率兵救助齊國。龍且的部將對他說：「漢軍是遠道而來的亡命之徒，進攻的銳氣難以抵擋，齊、楚都處於本國境內，作起戰來士卒好逃跑，作戰自然容易失敗。還不如堅壁防守，讓齊王派出所寵信的臣下去招募那些失守城邑而逃跑的人們。城裡人們如果得到齊王求救楚國的消息，必定會反叛漢軍。遠離國土二千餘里的漢軍客居齊國，齊國人如果造反，漢軍就難以得到食物，就可以不戰而俘獲他們！」龍且說：「我了解韓信容易與人親近。現在君王命令我們救助齊國，如果不經過戰爭就使他們投降了，這樣有什麼功勞呢？如果經由戰爭而取勝，就能得到齊國的半壁江山。」便帶著大軍前進到濰河（今山東東部），與漢軍隔水布陣。

韓信連夜派人在濰水上游取土沙裝入袋中，堵絕流水，便渡河進攻楚軍，假裝失敗而逃。龍且高興地說：「我早知道韓信膽怯了。」於是，命令部隊追擊。韓信讓人決開河水，河水猛漲，龍且的部隊還沒有渡完，韓信立刻發動攻勢，殺了龍且。龍且的部隊四處逃散，韓信終於平定了齊國，便班師回國。

近水為陣　去水稍遠

在水岸邊列陣作戰，或在水上利用船隻作戰，均屬於水戰。水戰在古時有兩種形式：一是水陸兩棲作戰，二是水面對峙利用船隻作戰。依水作戰，在時空方面受一定限制，兵法中有整套水面或涉水的具體戰術。

孫子認為：「橫渡江河之後，應遠離河岸駐紮，若敵人渡水攻來，不要在河中迎戰，而是等他們渡過一半時攻擊敵人，這樣才有利。若準備接戰，不能靠近江河水邊布陣迎敵，在江河地帶駐紮，要居高向陽，不能在敵軍下游逆水紮營布陣。」

這就是江河地帶行軍作戰的據守原則。

從本文中韓信滅齊之戰可以看出漢、楚兩軍在複雜的水戰條件下作戰、行兵、對峙方面的長短優劣。韓信精通兵法，深得水戰要領，濰水一戰，他利用人工止水、斷水，造水勢淹敵取勝，又利用佯敗，敵半渡以擊之的手段，大敗楚軍，奠定了漢楚相爭的基礎。

反觀龍且面對強敵，卻屢犯兵家大忌：首先犯了驕兵輕敵，再違背兵法原則臨水冒進，半渡被漢軍所擊。這樣用兵，豈有不敗之理？

火戰第六十六

施行火攻必須具備相應的條件

一個人生長在富貴之家，豐富的物質享受，會養成不良嗜好與作威作福的個性。作威作福，專權弄勢，對人的腐蝕則好比凶焰，早晚總會引火自焚。一個人的慾望好比是烈火，理智好比是涼水，涼水可以控制烈火，理智可以控制慾望。

火勢與慾望達到一定程度時，物則枯焦，人則粉身碎骨。

〔原　文〕

凡戰，若敵人近居草莽，營舍茅竹，和芻聚糧，天時燥旱，因風縱火以焚之，選精兵以擊之，其軍可破。法曰：行火必有因。

漢靈帝中平元年，皇甫嵩討黃巾。漢將朱儁與賊波才戰，敗。波才遂圍嵩於長社。賊依草結營，會大風，嵩敕軍士束炬乘城，使銳卒間出圍外，縱火大呼，城上舉燎應之。嵩因鼓而奔其陣，賊驚亂奔走。會帝遣曹操將兵適至，合戰，大破之，斬首級萬餘。

〔譯　文〕

在作戰的時候，敵人如果靠近草叢森林駐紮，營房建築是茅草竹木，糧草存放在一起，又遇上乾燥天氣，這時可以根據風向縱火焚燒，同時挑選精兵突然襲擊，敵軍必定能打敗。兵法上說：施行火攻必須具備相應的條件。

漢靈帝中平元年（西元一八四）間，皇甫嵩攻打黃巾軍。漢軍將領朱雋與敵人波才交戰，失敗了。波才於長社（今河南長葛東部）包圍了皇甫嵩。敵軍靠近草地紮營，當時正刮起大風，皇甫嵩便命令部隊手持火把登城，並派遣精兵衝出城外，放起火來，並大聲呼叫，城上的軍隊也舉起火把響應。皇甫嵩乘勢擊鼓號令部隊攻擊，敵人驚慌敗逃。恰好漢靈帝命令曹操領兵趕來，兩軍匯合戰敵，黃巾軍大敗，死傷一萬餘人。

天時燥旱　縱火以焚

水火不容情。當敵軍靠近荒草紮營，糧草堆積在一起，天氣乾燥，可根據風向縱火焚燒。三國時期的「火燒赤壁」婦孺皆知。用火助軍攻敵，效果匪夷所思。縱火攻敵頗受歷代兵家青睞。《孫子兵法》十三篇中獨出一篇研究火戰，把火攻策略發揮得淋漓盡致，百密而無一疏。施行火戰必須具備充分的外部因素，火戰器具應隨時準備有緒。施行火戰要依天時、地利。孫子提出了五種火攻方法要變化運用，等待條件施行火攻。因此，用火助攻，效果顯著；用水配合進攻，聲勢強大。

三國時期，施用火攻的戰例頗多，著名的有火燒連營、火燒新野、火燒博望等等，充分顯示了火攻具有無窮力量。

西元九七四年九月，大將曹彬奉宋太祖趙匡胤之命統率水軍進攻金陵的南唐政權。曹彬連克銅陵、蕪湖、採石磯等地，於第二年的正月逼近南唐都城金陵。曹彬揮師進至金陵城外圍，南唐的軍隊靠金陵城擺下陣勢，旌旗獵獵，蔚為壯觀。特別是南唐的水軍，扼江而守，一道又一道的柵門，十分堅固，令宋軍不敢小覷。

時值初春，北風凜冽。曹彬與部將李漢瓊觀察南唐的水寨，倆人情不自禁地想起了當年周公瑾火燒赤壁的戰事來。李漢瓊嘆道：「可惜沒有內應。不然，何不效周郎，來一次火燒金陵！」

曹彬道：「如今西北風甚猛，如用火攻，定可將南唐水軍所設的柵門燒毀。到那時，我們乘勢攻擊，南唐軍必然一片混亂，不怕金陵城不破！」

李漢瓊道：「此言有理！」於是，倆人商定了火攻的具體措施。

李漢瓊命令士兵們割取河岸的蘆葦裝上小船，又在蘆葦上澆上油料，將小船駛近柵門，點燒油料。頃刻間，火借風勢，風助火威，大火燒毀堅固的水柵門，小船駛入南唐軍的水寨，火焰熊熊的小船迅速引燃了南唐的戰船，南唐水軍紛紛跳船逃生。曹彬乘勢掩殺，一舉攻破南唐水寨，兵臨金陵城下，將金陵城團團包圍。

曹彬對金陵城圍而不攻，自春至冬，半年過去，城內連燒飯的柴草也沒有了。南唐國君李煜企圖與趙匡胤講和，趙匡胤一口回絕。

這一年的十一月，曹彬命令宋軍全力攻城，守城南唐軍士饑寒交迫，無力抵抗，固若金湯的金陵城終於被曹彬攻破，南唐政權至此滅亡。

緩戰第六十七

緩緩行動如同樹木一般縝密

規規矩矩地邁著方步緩緩走路的人，是不可能撲滅得了火災，救得了落水者的。若迫在眉睫卻慢條斯理，緩緩而行，按部就班行事，只能是自取滅亡。聰明的人，能按照形勢的變化發展而採取相應的處理方法；鄙俗的人，卻固執地按老路子不善應變。

〔原　文〕

凡攻城之法，最為下策，不得已而為之。若彼城高池深，多人而少糧，外無援救，可羈縻取之，則利。法曰：其徐如林。

十六國，前燕將慕容恪擊段龕於廣固，圍之。諸將請屬急攻，恪曰：「有宜緩者。若彼我勢均，外有強援，恐有腹背之患，則攻之不得不速。若我強彼弱，外無救援，當羈縻守之，以待其敝。兵法：十圍五攻，正謂此也。龕黨尚衆，未有離心，今憑阻堅城，上下戮力。盡銳攻之，數旬可拔；然殺吾士卒必多矣。要在自為變通耳。」乃為壁壘以守之，終克廣固。

〔譯　文〕

凡是用攻城的方法，都是下策，惟不得已時才這樣做。如果敵人的城牆高深，人多糧少無外援，可以緩緩攻奪，這樣就能取勝。兵法上說：緩緩行動如同樹林一般縝密。

十六國時代，前燕將領慕容恪在廣固攻擊段龕，而且包圍了段龕軍隊。各位將領都請求慕容恪趕快攻城，慕容恪說：「用兵也有緩行的時候。如果敵我的勢力均等，敵人有強大的外援，我方有腹背受敵的憂患，就不能不立即進攻。如果我強敵弱，敵方又無外援，就宜當徐徐困住敵方，等待敵人力量衰弱。兵法說：有敵方十倍的兵力就圍困敵人，有敵方五倍的兵力就攻擊敵人，說的正是這種意思。如今段龕的兵員眾多，還沒有背離之心，他憑藉著堅固城池的險阻，上下齊心協力。如果我軍用全部力量攻擊，幾十天後可能攻下城池，然而我方的官兵也必定有很大的損傷，用兵主要在變化。」於是修築工事用以固守，最後還是攻下了廣固。

外無援救　羈縻取之

用兵之道，攻心為上，攻城為下；心戰為上，兵戰為下。攻心之戰，兵不血刃，刀槍不費就可以克敵制勝。這種戰略近似於商家不花本錢就可做牟取高利潤的買賣，亦是歷代兵家極崇尚的「不戰而屈人之兵」的理想境界。

戰爭不僅是靠武力逐角，更多則是智力的較量，而智力的較量往往是經由對方的心理攻勢而達到戰爭謀略之上策。攻心之戰，不單是以威脅、恫嚇、詭詐等手段震住對方，更重要的是以理服人，挑明利害關係使對方的心靈受到巨大震動而心悅誠服。

善於用兵之人，使敵人屈服並不是靠作戰，攻佔敵方城邑也不是靠強攻，毀滅敵國也不是靠久戰。一定要用全勝的戰略爭雄於天下，這樣既不使自己的軍隊疲憊受挫，又能取得圓滿全面的勝利，此乃以謀略取勝的標準。

有一年，楚國發生大饑荒。戎人趁機攻打楚國，庸國人率領蠻人背叛了楚國，麇國人也率領百濮人準備攻打楚國。在這眾多的敵人中，最主要的是庸人。

此時，楚國有人提出把國都遷往阪高。大夫蘇賈極力反對，他說：「我們能遷過去，敵人也能追過去，不如發兵攻打庸國。至於麇國和百濮，只是認為我們遭受了災荒，不能出兵，才乘機攻打我們的。如果我們出兵，他們必然因害怕而回去。百濮人散居各地，他們必然各自逃回居住的地方，誰還有時間攻打我們。」

楚莊王採納了蘇賈的意見，立即起兵伐庸。十五天以後，麇和百濮人因懼怕楚軍而撤兵回去了。

楚軍伐庸一路極其艱苦，到達廬地時，攜帶軍糧已經用盡。因此，打開地方糧倉，取出僅有的一些糧食，軍官和士兵都吃著同樣的飯食。

軍隊進入到句澨，駐紮下來後，便派大夫戢黎領兵向庸人進攻。但在方城遭到庸人的襲擊，楚將子楊窗被俘。

過了三天，子楊窗從庸人那裡逃回來，對楚將領說道：「庸人的軍隊很多，又與群蠻聯合，力量強大，我們不如回去會同王室軍隊然後再進攻。」

楚大夫師叔反對這一意見，並提出了一條制敵的計策。師叔說：「庸人容易驕傲輕敵，我軍姑且繼續和他們交戰，以便使他們產生驕傲情緒。等敵人驕傲，我軍鬥志高昂時，再揮師出擊，就可以一戰而勝，先君蚡冒就是用這種緩兵之計征服晉國陘、隰兩地的。」

於是，楚軍仍然用小服部隊與庸人交戰。接連打了七仗，楚軍都偽裝失敗。果然庸人不再用主力隊對楚人，揚言：「楚軍已不堪一擊了。」並不再設防。

楚王接到庸人輕敵麻痺的報告後，乘著驛傳車趕到臨品集結軍隊。他將楚軍分成兩支：一支從石溪出發，一支從仞出發（兩地都在今均縣）夾擊庸人。秦人和巴人的軍隊也同楚軍聯合。群蠻見楚軍來勢凶猛，就脫離庸人而與楚人結盟。

輕敵不無準備的庸人不但陷入了孤立，而且四面受敵，楚軍就一舉將其滅掉了。

速戰第六十八

勢已成，機已至，人已集則迅速出擊

事情有時發生得非常突然，有如張弓射箭一樣急速，這必須用權變的謀略處理。當毒蛇咬傷了你的手，應迅速砍除手腕，稍慢一點，毒液便會順著血液流通全身而死亡。

判斷人的生死在於呼吸之間，爭奪勝負在於片刻之際。惟速戰速決才能成功。

〔原　文〕

凡攻城圍邑，若敵人糧多人少，外有救援，須速攻之，則勝。法曰：兵貴神速。

三國，蜀將孟達降魏，遂領新城太守。未幾，復連吳附蜀，以叛魏。司馬懿潛軍進討。諸將言達與蜀交接，宜觀望而後可。懿曰：「達無信義，此其相疑之時，當及其未定促而決之。」乃倍道兼行，至新城下。吳蜀各遣將救達，懿乃分兵拒之。初達與諸葛亮書曰：「宛去洛八百里，去吳一百二十里，聞吾舉事，表上天子，往返時一月間也，則吾城已固。諸將足力，吾所在深險司馬公必不自來。諸將來，吾無患矣。」及兵到達，又告亮曰：「吾舉事八日，而兵至城下，何其神速也。」上庸城三面阻水，達於外為木柵以自固。懿渡水破其柵，直造城下。旬日，李輔等斬達首，開門以降。

〔譯　文〕

凡是圍攻城邑，敵人如果糧多兵少，又有外援，就要迅速攻擊，這樣就能取勝。兵法上說：兵貴神速。

三國時代，蜀國將領孟達投降了魏國，於是被任命為新城太守。沒有多久，他又聯合吳國歸附蜀國，背離魏國。司馬懿派遣部隊偷偷地前去攻打。眾位將領都說孟達與蜀國相連，宜當觀察好之後再攻擊。司馬懿說：「孟達沒有信義，如今他正處於左右不定的時候，應該在他還沒有下定決心的時候解決他。」便帶領部隊急忙行進，直達新城之下。吳蜀兩國都派出軍隊援救孟達，司馬懿只好分兵抵抗。開始孟達送信給諸葛亮說：「宛城離洛陽八百里，離吳國一百二十里。魏國得到我興兵的消息，上書請示皇上，來回也要一個多月。等到魏軍來時，我的防城工事已經修築堅固了，當下各位將領拼命效力，我們所處又是險要之地，司馬懿必然不會親自來，其他將領來，我也不會害怕。」等到魏軍到來，他又寫信給諸葛亮說：「我興事才八天，魏軍就到了城下，為什麼這樣神速呢？」上庸（今湖北竹山縣西南）城三面環水，孟達在城外圍起木柵欄加以固守。司馬懿的軍隊渡河後沖垮了木柵欄，直抵城下。十天以後，李輔等人斬殺孟達，開城門投降了魏軍。

攻城圍邑　兵貴神速

兵貴神速，是古代兵法中的軍事術語。後人用來形容高效率給具體工作帶來巨大益處。「速」即速戰速決。「速」與「延」相對立。「延」講待機，「速」講行動，二者相互統一。因而說，速戰速決，是進攻作戰的指導原則，無論戰略行動還是戰役戰術行動，全皆如此。

速能乘機，使「智者不能為其謀，勇者不及為之怒矣」。勢已成，機已至，人已集就要迅速出兵作戰。商戰中有利的時機已到，「人財兩全」時，就要迅速投入「戰場」，獲取經營利潤。

「閃電戰」在歷史上屢見不鮮，商戰中如果要進行「閃電戰」，首先要有充足的準備，還要評估後繼能力，才能在商場上奠定地位。如若僅是「曇花一現」，僅在市場上「閃」一下，所付出的代價大，又難以得到實現。

整戰第六十九

軍容嚴整、部署周密的敵人不可攻打

對於品性已定、思想成熟的人來說，必須學會適應各種環境，必須適時調整自己的心態。

當意志尚未把握控制或堅定時，就應遠離物慾環境的誘惑，使自己看見物慾的引誘，心神便不會迷亂，唯有如此才能保持整個心身的清純。

待意志堅定，能自我控制時，就要讓自己多同各種環境接觸，即使看到物質的誘惑也不會心神迷亂。

〔原　文〕

凡與敵戰，若敵人行陣整齊，士卒安靜，未可輕舉。伺其變動以擊之，則利。法曰：無邀正正之旗。

〔譯　文〕

在與敵人作戰時，如果敵人的隊伍陣容整齊，戰士安穩平靜，不可輕舉妄動。必須等待敵人有變動時才能攻擊他。這樣才能取勝。

兵法上說：不要去攻打軍容嚴整、部署周密的敵人。

行陣整齊　未可輕舉

兵法中所談到的乘機，是指利用敵人所犯的錯誤或暴露出來的弱點，乘虛而入，出其不意攻擊敵人。所以兵法中認為：旗幟嚴整、部署周密的敵人不能去攻打。

如果敵我雙方勢均力等而相對峙，就必須等待時機捕捉戰機。戰機並不是無時不在，無處不有，隨時可信手拈來的。

戰鬥中，經常出現無機可尋，無計可施的局面。在敵方各方面都佔據有利勢態，我方無機可乘時，千萬不可急躁，應冷靜地觀察戰局變化，等待著有利戰機出現。此乃「是以我未可戰，則謹守弗失，待敵之敝而勝之」的道理。

在我方處於有利態勢之時，又可能出現多種機遇並存的局面。指揮作戰的人要善於擇機，在多種機會之中，選擇更有利、更符合全局利益的時機，採取果斷行動。

西元前二六〇年九月，秦將白起在長平大敗趙國軍隊，坑殺趙國降兵四十三萬。白起見趙國已無實力相敵，想乘機滅亡趙國，但秦國相國范睢忌妒白起的功勞，借口秦軍已很疲勞，不宜再戰，勸說秦昭王與趙國講和，秦軍罷兵回國。

第二年，秦昭王再次委派白起率大軍攻打趙國，白起見時機已過，趙國經過一年的休養生息已重新振作起來，便借口有病，不肯赴任。秦昭王信以為真，派王陵代替自己，率大軍直逼趙國都城邯鄲城下。趙國到了生死關頭，舉國上下，同仇敵愾。王陵屢攻屢挫，損失極其慘重。

消息傳到咸陽，秦昭王召見白起，向他詢求策略。白起說：「秦軍遠征趙國，歷時已近一年，如今兵乏氣衰，國庫空虛，不宜再戰。趙國軍民同心，不可掉以輕心。如果諸侯各國再出兵救趙，我軍將遭到內外夾擊，情勢就十分危險了。」

相國范睢堅決主張攻趙，並保薦鄭安平為將軍，隨大將王齡一起率兵增援王陵，攻伐趙國。

趙國的形勢一天比一天緊迫。趙王的弟弟——戰國四公子之一的平原君趙勝，率謀臣毛遂到楚國求得援兵，又到魏國求得信陵君魏無忌的幫助。魏無忌求助魏王的寵姬竊得兵符，帶力士朱亥用重錘擊殺陳兵趙國邊境的魏將晉鄙，奪得兵權，會合陸續來援救趙國的諸侯軍隊，與秦軍在邯鄲城下展開了決戰。

諸侯各國的援軍以信陵君統率的八萬精兵為核心，部署周密奮勇無敵；秦軍已在邯鄲城下打了三年之久的攻城戰，人人厭戰，鬥志鬆懈。結果，秦軍大敗，將軍鄭安平投降了趙軍，王齡只好率殘兵敗將退回秦國。

白起得知秦軍大敗，長嘆道：「不聽我的話，以至有今天的慘敗！」白起的話傳到秦昭王耳中，秦昭王十分生氣，再加上范睢的搗鬼，秦昭王竟然把白起殺掉了。但是，相國范睢也沒有得到便宜，他因為推薦鄭安平而獲罪，被免去了相國的職務。

邯鄲之戰後，趙國得以幸存，秦軍因力量受到削弱，在較長的一段時間裡不敢對諸侯各國輕舉妄動了。

亂戰第七十

敵陣混亂就乘機攻擊

好行惡作亂的人，表面上道貌岸然，内心卻豬狗不如。其内心的陰險促狹，動不動就惡意中傷他人。

把那些禍國亂臣扔到豺狼虎豹那兒去，豺狼虎豹都不想吃他們。

這類作惡多端的人，上天一定會懲罰他們，最終只能是咎由自取。

〔原文〕

凡與敵戰，若敵人行陣不齊，士卒喧嘩，急出兵以擊之，則勝。法曰：亂而取之。

吳人伐州來，楚率諸侯之師救之。

吳公子光曰：「諸侯從於楚者衆，而皆小國也，畏楚而不獲已，是以來。吾聞之曰：作事威克其愛，雖小必濟。胡、沈之君幼而狂；陳大夫齧壯而頑；頓與許、蔡疾楚政；楚帥賤多寵，政令不一。七國同役而不同心。帥賤而不能整，無大威命，楚可敗也。若分師先以犯胡、沈與陳，必先奔。三國敗，諸侯之師乃搖心矣。諸侯乖亂，楚必大奔。請先者去備薄威；後者敦陣整旅。」吳子從之。

戊辰晦戰於雞父，以罪人三千，先犯胡、沈與陳，三國爭之。吳為三軍，以擊於後：中軍從王，光帥右掩，餘師左。吳之罪人或奔或止，三國亂，吳師擊之。三國敗，獲胡、沈之君及陳大夫。捨胡、沈之囚奔許與蔡、頓曰：「吾君死矣。」師噪而從之，三國奔，楚師大奔。

〔譯文〕

與敵人作戰時，如果敵方的隊伍不整齊，士兵大聲喊叫，就可以迅速出兵猛擊，這樣就能取勝。

兵法中說：敵陣混亂時就要乘機攻取他。

春秋時期，吳國攻打州來，楚國率領諸侯國的部隊前來救援。

吳國公子姬光說：「諸侯服從於楚國的實在太多，不過都是小諸侯國，因為他們害怕楚國不得不來。我聽人們說過：行事用威勝過仁愛，雖小也必定能成功。胡國、沈國的君主年輕而狂妄，陳國的大夫年壯而愚頑，頓國、許國和蔡國又忌恨楚國的政治地位。楚國的統帥卑賤而受寵幸，政令不一致，雖然七國同來卻不戮力同心。帶兵的人卑賤就不能使部隊統一協調，所以沒有大的威望，我認為楚國是可以打敗的。我們如果分兵，先用一支部隊攻擊胡、沈、陳三國的軍隊，他們必定會先敗走。這三國敗逃了，其它的諸侯國的軍心就會動搖。他們混亂，楚軍也必定敗走。所以，請先用戒備少、威嚴差的部隊出動，然後出動戰鬥力強的部隊，一定要嚴陣以待。」吳王採納了這個計謀。

戊辰年（西元前五三三）末，吳軍與七國部隊在雞父（今河南固始東南部）作戰，吳國首先用三千犯人組成的隊伍攻擊胡、沈、陳三國部隊，三國軍隊前來迎戰。吳軍又出動三支人馬，緊跟在犯人後面進攻：中軍由吳王統領，姬光帶右軍掩護，其它軍隊歸左軍。吳國犯人有時奔跑，有時停止，三國部隊就混亂開了。吳軍便向三國部隊發動猛攻，三國軍隊大敗。

吳軍俘獲了胡、沈二國君及陳國大夫，釋放了胡國、沈國的俘虜。戰俘逃到許國、蔡國和頓國時說：「我們的國君死了。」於是這三國的部隊也吵吵鬧鬧地跟著奔跑，致使三國大敗而走。楚軍最後也戰敗而逃。

行陣不齊　亂而取之

如果敵軍陣行雜亂無章，士兵喧嘩吵鬧不休，目無軍法軍紀，如此我軍則可迅速出擊，必能獲勝。所以兵法中說：對於混亂狀態的敵人必須抓緊時機攻擊。

一個朝代的腐敗禍亂，往往是從奸黨佞臣弄權涉政而引起的。漢代，「十常侍」朋比為奸理朝政，致使天下大亂，使王朝很快土崩瓦解。宋代，奸臣秦檜專權，欺壓忠良，謀害忠臣，賣國求榮，終將宋朝的大好河山送入敵國之手。明代，嚴嵩父子狼狽為奸，操弄國政，侵吞軍餉，荒廢軍事戒備，謀殺異己，鬧得朝廷上下烏煙瘴氣，國民不安。私不亂公，邪不亂政。如此，軍隊才嚴整有戰鬥力，國家才能清明，領導隊伍方可純潔，社會方可長治久安。

分戰第七十一

當分散時不分散，就會使兵力受到牽制而成爲亂軍

統率幾十萬大軍而不致於壅塞潰敗，是掌握了分散佈置和協調使用要領的緣故。在集中使用兵力的前提下，分散配置，分頭行動，而不是單純的孤立分散。大企業經營，要將企業領導得有條不紊，必須建立、運用「分權」制度。

〔原　文〕

凡與敵戰，若我衆敵寡，當擇平易寬廣之地以勝之。若五倍於敵，則三術為正，二術為奇；三倍於敵，二術為正，一術為奇。所謂一以當其前，一以攻其後。法曰：分不分為縻軍。

梁將陳霸先、王僧辯討侯景，軍於張公洲。高旗巨艦，截江蔽空，乘潮順流。景登石頭，望之不悅，曰：「彼軍士有如是之氣，不可易也。」帥鐵騎萬人，鳴鼓而前。

霸先謂僧辯曰：「善用兵者，如常山之蛇，首尾相應。賊今送死，欲為一戰。我衆彼寡，

宜為其勢。」僧辯從之，以勁弩當其前，輕銳蹂其後，大陣衝其中。景遂大潰，棄城而走。

〔譯　文〕

在作戰時，如果我方兵多而敵方兵少，就選用平坦寬闊的地帶作戰來戰勝敵人，倘若我方有敵人五倍的兵力，就要用三倍的兵力作為正兵，二倍的兵力作奇兵；倘若我方有敵人三倍的兵力，就要用二倍的兵力作為正兵，一倍的兵力作為奇兵。這就是人們常說的，用一部分兵力阻擊敵軍前部，用一部分兵力攻擊敵人的後部。兵法中說：需要分散兵力時而不分散，就會使兵力受到牽制而成為亂軍。

南北朝時期，梁國將領陳霸先、王僧辯率領軍隊到張公洲征討侯景。高大戰船上飄揚著旌旗，橫貫長江、遮蓋天空，乘著漲水順流直下，侯景站在石頭城上，遙望著江面很不高興地說：「他們的軍隊有這樣的氣勢，不能輕視。」於是，帶領著一萬多精銳騎兵，敲起戰鼓衝向敵陣。

陳霸先對王僧辯說：「善於用兵的人，可以使部隊像常山的蛇一樣，首尾相應。現在敵人前來送死，想同我們決戰。我軍兵多，他們兵少，宜當分散他們的兵力。」王僧辯贊成他的意見，便用一支配有強弓硬弩的隊伍從正面阻擊敵人，又用輕裝騎兵襲擊敵人的後面，主力部隊衝擊敵人中央，這樣侯景的軍隊全線潰敗，只好棄城逃走。

分敵兵力　集眾分擊

我方兵力處於優勢，分開使用可以乘敵人之虛，雙方兵力相等，分開使用可以調動敵人發生變化。部隊不要擁擠在一起與敵人交鋒，士兵不要脫離指揮單獨行動，兵器不要分散使用。集中兵力剛壯大聲威，分開部署則制敵取勝。

孫子認為：擁有十倍於敵人的兵力就包圍敵人，擁有五倍於敵的兵力就攻擊敵人，擁有兩倍於敵的兵力就用計分散敵人，兵力與敵相等就要努力抗擊敵人，兵力少於敵人就退卻，兵力弱於敵人就避免決戰。

什麼情況之下應集中兵力，集中到什麼程度，什麼情況下分散兵力，分散到什麼程度。這就要看指揮員的軍事藝術。集中與分散，在現代管理中也有普遍意義，如人力、物力、資金、技術等都存在著集中與分散的利弊。

陶侃是東晉時的著名將領。

西元三〇五年，右將軍陳敏反叛朝廷，荊州刺史劉弘派陶侃率兵迎擊陳敏。陶侃與陳敏是同鄉，部將扈環對劉弘說：「陶侃與陳敏曾經是朋友，你把大軍交給陶侃，萬一有變，荊州還能保全嗎？」

劉弘回答道：「陶侃為人坦誠，忠於職守，他決不會做出對不起朝廷的事。」

陶侃果然不負劉弘的重望，他身先士卒，指揮若定，將陳敏徹底擊潰。

屯騎校尉郭默因泄私憤殺害了平南將軍劉胤，事後反造謠說劉胤企圖謀反。宰相王導擔心郭默造反，不但不制裁他，反而將他升為西中郎將。陶侃得知後，上表皇上堅決要求討伐郭默，經準奏後，親自帶兵征伐。

郭默深知陶侃治軍嚴明，而且深得將士們的信賴，將士們都願為他效命，聽說陶侃來討伐，心中恐惶，急忙召集部下商討對策。

不料，陶侃兵行神速，郭默剛拿定主意，準備棄城逃跑，陶侃已將一座城池圍了個水泄不通，並且歷數郭默罪行，向城內的將士展開了攻心戰。

郭默想戰，不敢戰；想逃，斷了出路；想降，又怕性命不保。他在猶豫之間，城外號角齊鳴，陶侃發出了攻城的命令。這時候，郭默的部將宋侯見大勢已去，害怕禍及自己，為了活命，率兵把郭默抓獲，大開城門，向陶侃投降。

一場戰鬥，士兵們的血還沒有沾上兵器，就以陶侃的輝煌勝利宣告結束——成語「兵不血刃」就出自這一史實。

陶侃屢建奇功，為晉朝的穩定有著巨大貢獻，他死後，被追封為大司馬。

合戰第七十二

集中優勢兵力，殲滅敵人的有生力量

「保合大和」，說明了陰陽會合的中和之氣。人都是承受天地陰陽之氣才生出來的，都具有這種氣。

喜怒哀樂，七情六慾是人的本性，重要的在於適可而止，則可達到中和之性。如果過甚了，就會敗壞內心的和氣。至於事物的乖張不合乎情理，都是因憤怒過甚所導致的。

故《大學》中云：「內心若氣憤不和調，就得不到正道。」

〔原　文〕

凡兵散則勢弱，聚則勢強，兵家之常情也。若我兵分屯數處，敵若以衆攻我，當合軍以擊之。法曰：聚不聚為孤旅。

〔譯　文〕

凡是兵力分散就會顯得勢力薄弱，兵力集中就會勢力強盛，這是兵家的常情。如果我軍分兵駐紮在幾處時，敵人如果以眾多的兵力攻擊我，我軍就應該集合兵力迎戰。兵法中說：應該集中的軍隊不集中就是孤軍。

散則勢弱　聚則勢強

集中優勢兵力進行大戰役，是戰勝敵人、消滅敵人有生力量的大決策。古今中外的軍事家，都是善於集中優勢兵力的高手。拿破崙一生指揮大約六十多個戰役，絕大多數都是採用集中優勢兵力攻敵一翼，首先破壞敵方的穩定性。

集中優勢兵力，殲滅敵人的有生力量，說起來容易，施行起來則不是那麼簡單。軍事家都知道這是好做法，然而在實踐中就難以做到。

因為複雜的戰場環境難以捉摸，以致沖淡了集中優勢兵力的意識，弄不好，不僅找不到集中兵力的方法，還會陷入不能自拔的困境。

韓信用兵，多多益善。說明韓信善於集中大兵團打大戰役，不是說兵力集中得越多越好。集中兵力的數量，要看雙方投入的情況，從戰場容量與作戰企圖而定。尤其在現代高科技的戰爭中，一味強調大規模兵力集中，必然要遭到敵人的大規模殺傷。

戰國時期，中國分成二十多個國家。其中較大的有齊、楚、燕、韓、趙、魏和秦。齊、韓結盟，共同攻打燕國，但由於與燕國相鄰的趙、楚兩國窺視其後，齊國與韓國則不敢貿然出兵。

就在這個時候，秦國與魏國結成同盟，聯合攻打韓國，齊王急欲出兵前往援救盟友，這時，謀士田臣思卻建議說：「如果韓國受到侵擾，必將危及到趙國和楚國，他們將會自身難保，所以，他們就會很快趕過去幫助韓國。」

於是，齊王聽從了田臣思的計策，按兵不動，袖手旁觀，見情行事。

事態正如謀士所料，趙國和楚國很快便採取了行動。這樣一來，秦、楚、趙四國均以韓國為中心，相互混戰起來，從而使燕國勢同孤立，誰也不暇顧到齊國的行動。於是，齊國「趁火打劫」向鄰近的燕國發起進攻，在僅僅三十天之內，便征服了燕國。

怒戰第七十三

勇猛殺敵的人是由於憤慨所致

大怒就會引起兵伐與刑法，小怒就會引起爭鬥。身處高位之人，遇事不能冷靜，動不動就發怒，就會殘暴地虐待下屬，如果在下位的人，不顧禮義而逞強發怒，一定會冒犯領導者。怒對家庭來說，如父子互相殘害，兄弟在家爭鬥，夫妻反目成仇等，如此就會使家庭喪失人倫之道。

〔原　文〕

凡與敵戰，須激勵士卒，使忿怒而後出戰。法曰：殺敵者，怒也。

漢，光武建武四年，詔將軍王霸、馬武討周建於垂惠。蘇茂將軍四千餘救建。選遣精騎遮擊馬武軍糧，武往救之，建於城中出兵夾擊武。武恃霸援，戰不甚力，為茂、建所敗，過霸營大呼求救。霸曰：「賊兵勢盛，出必兩敗，努力而已。」乃閉營堅壁，軍吏皆爭之。霸曰：「茂兵精銳衆多，吾吏士必恐，而吾與相持，兩軍不一，敗道也。今閉營堅守，示不相援，彼必乘勢輕進。武恨無救，則其戰當自倍。如此，茂衆疲勞。吾乘其敝，乃可克也。」茂、建果悉兵出攻武，合戰良久。霸軍中壯士數千人，斷髮請戰。乃開營大出，精騎襲其後，茂、建前後受敵，遂敗走之。

〔譯　文〕

部隊作戰，必須激勵官兵，使他們士氣高昂之後再出戰。兵法上說：勇猛殺敵的人是由於憤慨所致。

東漢光武帝建武四年（西元二二五），光武帝下詔書命令王霸與馬武到垂惠（今山東、江蘇交界處）征伐周建，蘇茂帶著四千多人援助周建。蘇茂派出一支精銳騎兵阻擊馬武的糧草，馬武前來救援，周建又開城門出兵夾擊馬武，馬武依恃著有王霸的援救，作戰時不使出全力，結果被蘇茂與周建所敗，馬武經過王霸的營門前大喊救援。王霸對他說：「敵勢強盛，我們出來必然也要失敗，你盡力作戰就可以。」王霸閉門不出，部下官兵都爭著請求出戰。王霸說：「蘇茂兵精人多，如果我們迎戰，戰士們必定驚慌，與蘇茂對陣，我們兩支軍隊就不能協調統一，只會失敗。現在我們閉門堅守，說明了我們不去救助，蘇茂肯定用騎兵乘勢急進。馬武怨恨我不援助他，就會奮力作戰。這樣一來，蘇茂的隊伍必定會疲憊，我乘敵人疲勞時再突然發動攻擊，就能克敵制勝。」蘇茂與周建果真出動全部人馬攻擊馬武，雙方交戰了很長時間都沒有失敗。王霸軍中的壯士幾千人割髮請戰，王霸這時開門迎戰，又派出精銳騎兵襲擊敵人後部。蘇茂、周建前後受敵，於是告退逃走。

激勵士卒　忿怒出戰

戰爭關係著將士生死存亡的大事，往往要有置之死地而後生的觀念，方可取勝。欲使將士在戰場上充分達到同仇敵愾，視死如歸，同心協力的作戰觀念，激勵他們是一種行之有效的手段。

怒是人的一種主觀行為，運用得合理，則可提高部隊的士氣，發揮出將士們的主觀能動性，提高他們的積極性和主動性。古代兵家用的激將法，軍令狀皆如此。孫子認為：欲使軍隊奮勇殺敵，就要激發他們同仇敵愾。

歷代兵家多用怒戰的思想來鼓舞與激發士氣，大都能取得很好的效果。共產黨領導的軍隊之所以能克敵制勝，激勵戰士，戰前動員就是法寶之一。宣傳鼓動，激勵將士高昂的士氣在戰場上確實有一股說不出的神奇力量。

氣戰第七十四

士氣高昂就出戰，士氣衰落就撤退

神附之於氣，氣存則神存，氣亡則神亡。良好的精神狀態取決於心氣之培養。養浩然正氣，滅一時忿氣，是修身養性的一項重要內容。

氣可以擾敵人的心，能使人跌倒，也能使人奔走。一定要保持自己的志，不能破壞自己的氣。

善於培養自我的浩然之氣，就能與道義配合，行動起來就合乎禮儀，就有君子風度。

〔原　文〕

夫將之所以戰者，兵也；兵之所以戰者，氣也；氣之所以盛者，鼓也；鼓能作士卒之氣，則不可太頻，太頻則氣易衰；不可太遠，太遠則力易竭。須度敵人之至六七十步之內，乃可以鼓。彼衰我盛，入之必矣。法曰：氣實則鬥，氣奪則走。

春秋，齊師伐魯，莊公將戰，曹劌請從，公與之同乘，戰於長勺。公將鼓之，劌曰：「未可。」齊人三鼓。劌曰：「可矣。」鼓之，齊師敗績。公問其故，劌對曰：「夫戰，勇氣也。一鼓作氣，再而衰，三而竭。彼竭我盈，是以敗之。」

〔譯文〕

將領之所以能指揮作戰，由於有戰士；戰士之所以能作戰，由於有士氣；士氣之所以旺盛，由於有戰鼓；敲擊戰鼓就能振興士氣，而敲擊戰鼓不可過於頻繁，過於頻繁就會使士氣衰退；敲擊戰鼓不能離敵人太遠，太遠就使力氣過早消耗。必須預計離敵人六七十步時，才能擊鼓。敵人士氣衰退，我軍士氣強盛，敵人必然失敗。兵法中說：士氣高昂就出戰，士氣衰落就撤退。

春秋時期，齊國攻打魯國，魯莊公準備出戰，曹劌請求隨行，他和魯莊公同乘一輛戰車，在長勺（今山東萊蕪東北），擺開陣勢。莊公要擊鼓進攻。曹劌說：「不行！」齊軍已經擊鼓三次，曹劌說：「可以擊鼓。」莊公敲擊戰鼓，齊軍大敗。莊公問曹劌這是什麼原因，曹劌回答說：「作戰靠的是勇氣。第一次擊鼓能振作士氣。第二次擊鼓士氣就開始衰退，第三次擊鼓士氣已經枯竭。敵人的士氣竭盡，我軍的士氣正旺盛，所以能打敗敵人。」

士卒之氣　不可太頻

《孫子兵法．軍爭》篇中說：「對於敵人的軍隊，可以挫傷它的銳氣；對於敵人的將領，可以動搖它的決心。軍隊初戰時，士氣旺盛，銳不可擋，過一段時間，士氣則漸漸怠惰，到最後就疲憊衰竭了。所以善於用兵的人，總是避開敵人的銳氣，等到敵人士氣衰竭、疲憊，人心思歸時，再出兵攻擊，這是掌握士氣的方法。」

戰爭中的氣戰是一種主觀性極強的戰術。戰爭雖是實力的較量，也可以說是一種氣勢的較量。僅有數量而無氣勢的軍隊則是一群烏合之眾。相反，人數雖少，卻兵精將良，有氣吞山河之勢，肯定能打勝仗。

長勺之戰中，曹劌是先於孫武的時代兵家，面對氣勢浩大的齊軍，充分利用了氣由盛而衰的漸變特點，一舉打敗齊兵。而「一鼓作氣」這句成語，也給後代兵家帶來了很大的啟迪。

讓我們來欣賞曹劌論「氣」的具體經過。

西元前六八四年春天，齊桓公以鮑叔牙為大將，率大軍攻打魯國，一直打到魯國的長勺。儘管魯莊公早已有所準備，操練人馬，趕製武器，但魯是小國，力量有限，眼見齊軍已攻入國境，魯莊公深感自己兵力不足，他決心動員全國力量和齊國決一死戰。

魯國有個平民叫曹劌，聽說齊國已打了進來，非常焦急，請求見魯莊公，談談自己的看法。通過交談，魯莊公知道他是個有才識的人，就讓他和自己同坐一輛戰車，來到長勺前線。

曹劌和魯莊公察看陣地，見魯軍所處的地理形勢十分有利，心裡很高興。恰在此時，齊軍擂起戰鼓，準備進攻。魯莊公也想擊鼓，曹劌勸阻了他。曹劌還建議魯莊公下令：「不許吶喊，不許出擊，緊守陣角，違令者斬！」

隨著震天的鼓聲，齊軍喊叫著猛衝過來，可是魯軍並未出戰，陣地穩固，無隙可乘，齊軍沒碰上對手，只好退了回去。

時隔不久，鮑叔牙再次擊鼓，催促士兵衝鋒，魯軍陣地還是沒有一個人出戰。

齊軍第三次擊響戰鼓，向魯軍陣地衝來，但將士們已經體力困乏，信心不足了。

曹劌見齊軍第三次的戰鼓聲威力不足，衝鋒的隊伍也比較散亂，這才對魯莊公說：「主公，可以擊鼓進軍了！」

魯軍將士聽到自己的戰鼓聲，齊聲吶喊，殺向齊軍，齊軍抵抗不住，掉頭向後逃跑。

魯莊公想下令追擊，曹劌勸阻道：「讓我先下車看一下。」

曹劌下車察看齊軍兵輾過的車輪印跡後，又登上車前橫木眺望齊軍敗退的情況，然後對魯莊公說：「可以追擊了！」

戰鬥結束後，魯莊公向曹劌請教。曹劌說：

「打仗，主要是靠勇氣。第一次擊鼓，將士們的勇氣最盛；第二次擊鼓，將士們的勇氣就衰退許多；到第三次擊鼓之時，勇氣就差不多喪失光了。齊軍三次擊鼓衝鋒，勇氣已盡，而我們此時才擊鼓進軍，勇氣旺盛，因此能打敗齊軍。不過，當敵軍潰逃時，要防備佯敗設伏，我看他們旗幟歪倒，車轍很亂，才知道他們是真敗了。」

莊公聽完後，連連點頭稱是。

逐戰第七十五

追擊敗寇 務辨眞假

他人追名逐利與我無關，我也不必因他人醉心於名利就嫌棄他；恬靜淡泊是爲了造就自己的個性，因此也不必向他人誇耀世人皆醉我獨醒。

一個人能拋棄追逐名利、富貴的勢權觀念，就可以超越庸俗的塵世雜念。

一個人能不受仁義道德等教條的束縛，才可以進入超凡絕俗之境界。

〔原　文〕

凡追奔逐北，須審其偽。其旗齊鼓應，號令如一，紛紛紜紜，雖退走，非敗也，必有奇也，當須應之。若旗參差而不齊，鼓大小而不應，號令喧囂而不一，此眞敗卻也，可以力逐。

法曰：凡從匆急，敵人或止於路，則慮之。

唐武德元年，太宗征薛仁杲，其將宗羅睺拒之。破於淺水原，太宗帥騎追之，直趨高墌，圍之。仁杲將多臨陣來降。復還取馬，太宗縱遣之。須臾，各乘馬至。太宗具知仁杲虛實，乃進兵合圍。縱辯士喻以禍福，仁杲遂降。諸將皆賀。因問曰：「大王破敵，乃捨步兵，又無攻具，徑薄城下，咸疑不克，而卒下之何也？」太宗曰：「此權道也，且羅睺所將，皆隴外人，吾雖破之，然斬獲不多。若緩之，則皆入城，仁杲收而撫之，未易克也。追之，則兵散隴外，高墌自虛。仁杲破膽，不暇為謀，所以懼而降也。」

〔譯　文〕

追擊敗逃的敵軍，必須審度真假。如果敗逃敵軍旌旗不亂，戰鼓響應，號令統一，雖然看起來是雜亂無章地敗走，但不是真正被打敗，其中必然會有奇兵，應當慎重看待。如果旌旗東倒西歪不整齊，鼓聲大小不協調，號令不統一，這才是真正失敗的退卻，可以盡力追擊。兵法上說：凡是追擊敵人千萬不可懈怠，敵人如果在退敗時或走或停，就要謹慎小心。

唐代武德元年間，太宗李世民征伐薛仁杲，薛仁杲的將領宗羅睺率軍對抗，在淺水原羅兵敗逃跑，李世民率領騎兵追周，追到高墌之後，便把他們包圍了。薛仁杲的很多將領都臨陣投降了，投降後又要求回去牽取馬匹，李世民全都同意他們回去。過了一會兒，他們各自騎馬到來。李世民詳細了解了薛仁杲的虛實情況，於是進兵包圍。唐軍派出許多能言善辯之士到薛營中，以福禍利弊方面的言辭進行勸說，薛仁杲便投降了。各位將領都來慶賀，並問道：「大王在破敵時，捨棄了步兵，又沒有攻城的武器，而能直攻城下，大家都認為您不能取勝，最終您還是攻破了城池，這是什麼原因呢？」李世民說：「這依賴的是天道，而且羅睺所帶的部隊，全都是隴外人，我軍雖打敗了他們，而殺死與俘虜的人不多。我們後面的行動如果慢了，敗兵則全部逃回城裡去了。如果薛仁杲進行收留與安撫，我們就難以攻下這座城。趕緊追擊，敗兵全部會潰散到隴外，高墌一帶自然就空虛了。薛仁杲被嚇破了膽，無時機去思考計謀，所以害怕而投降。」

追奔逐北 須審真偽

追擊敗寇，務辨真假。逃敵旗幟不亂，號令統一，不是被打敗而逃，必然有詐。如果旗幟東倒西歪，號令不一致，部隊散亂，這是真敗，可奮力追趕。

戰場上敵軍被擊敗之後，防止縱虎歸山，重整旗鼓，捲土重來，應採取一種窮追猛打，不給敵人有任何喘息之機的戰術，有「痛打落水狗」的精神。

劉伯溫從實踐出發，告誡人們，追擊敵寇，必須辨明真偽虛實，防止中敵的誘兵之計，查明敵軍確實落荒而逃，方可奮勇追擊。

本文中李世民乘勝兵剿薛仁杲，就是要徹底粉碎敵人重整旗鼓，捲土重來的可能性，把敵人的企圖扼殺在搖籃之中。

歸戰第七十六

撤退回國的軍隊不可截擊

一個人的品德修養如果達到了最高境界，其實與普通人無特殊之分，只是使自己的精神回歸到純真樸實的本性而已。

古代統治者，把社會清平歸於百姓，把管理不善歸於自己；把正確的做法歸於百姓，把各種過錯歸於自己。

做錯了事，與其追悔，不如改過，把憐惜的心情用來抓住一個新希望。從頭起步，用以促成新的成就。

〔原　文〕

凡與敵相攻，若敵無故退歸，必須審察，果力疲糧竭，可選輕銳躡之。若是歸師，則不可過也。法曰：歸師勿過。

漢獻帝建安三年，曹操圍張繡於穰。劉表遣兵救之。繡欲安衆守險，以絕軍後。操軍不得進，前後受敵，夜乃鑿險僞遁，伏兵以待。繡悉兵來追，操縱奇兵夾攻，大敗之。謂荀彧曰：「虜遏我歸師，而與吾死地戰，吾是以勝矣。」

〔譯文〕

在作戰中，如果敵人沒有任何明顯的理由退走，就要仔細分析偵察明白，如果真正是糧盡力衰而撤退，就可派遣輕裝部隊追擊。如果是撤退回國的軍隊，就不能追擊。兵法上說：對於撤退回國的軍隊不可截擊。

漢獻帝建安三年（西元一〇八）間，曹操率領部隊在穰城包圍了張繡。劉表派遣軍隊去救援，張繡在安眾駐紮，憑藉險阻固守，企圖斷絕曹軍後退的路線。曹軍難以前進，腹背受敵，於是連夜開鑿險道，佯裝逃跑，暗中設下伏兵，等待張繡進伏擊圈。張繡傾巢出動追擊，曹操指揮埋伏的奇兵前後夾擊，張繡的部隊大敗。

曹操便對荀彧說：「敵人阻攔我撤退回國的部隊，並且同我軍在我們的伏擊圈內作戰，因此，我們取得了勝利。」

無故歸退　必須審察

戰爭之中，無論是進攻戰還是防守戰，力求最大的限度地消滅對方，保存自己。而戰場上任何反常現象都應引起指揮員的高度重視。

孫子說：「兵者，詭道也。」這是千古之兵訓。然而在《孫子》中詳細地列舉了實戰中各種客觀現象和主觀意思表示的特徵與反面的實質問題，其中對無故退軍的情況，告誡指揮員要詳細辨查，嚴加防範。

敵人尚未受到重創，卻無故敗退，其中必然有詐，輕率出兵追擊，必定落入敵人的圈套。所以孫子提出：「對於撤退的軍隊不可正面阻擊。」俗語說：「狗急跳牆」，如果把敵人逼向死地，必然拼死抗爭。一旦這樣，反而為敵人反敗為勝提供了條件。

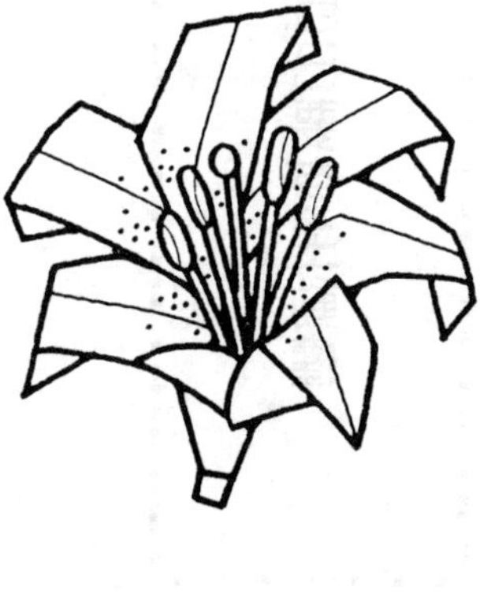

不戰第七十七

決定戰與不戰，自己要有主動權

人人內心都有一塊潔白晶瑩的美玉，只要不喪失人原有的純樸善良本性，即使在一生之中沒有留下半點功業，也未留下片紙文章，也算是堂堂正正之人。

生活在幸福美滿的環境中，則好似已裝滿水的水缸，千萬不能再加一滴水，以免流淌出來。

生活在惡劣困迫的環境中，則好比快要折斷的樹木，千萬不能再增加一點壓力，以免立刻折斷。

〔原文〕

凡戰，若敵衆我寡，敵強我弱，兵勢不利；或遠來，糧餉不絕，皆不可與戰。宜堅壁持久敝之，則敵可破。法曰：不戰在我。

唐武德中，太宗率兵渡河東討劉武周。江夏王李道宗，時年十七，從軍，與太宗登玉壁城觀賊陣。顧謂道宗曰：「賊恃其衆，來邀我戰，汝謂何如？」對曰：「群賊鋒不可當，易以計屈，難以力爭。今深溝高壘，以挫其鋒。烏合之徒，莫能持久，糧運將竭，當自離散，可不戰而擒也。」太宗曰：「汝見識與我相合。」果後食盡，夜遁。追入介州，一戰敗之。

〔譯　文〕

在雙方交戰時，如果是敵眾我寡，敵強我弱，作戰形勢對我軍不利。或者敵軍遠道而來，糧食還沒有斷絕，都不宜於交戰，應當堅壁清野持久防禦，等待著敵人疲憊。這樣就能夠打敗敵人。兵法上說：決定戰與不戰，我方要有主動權。

唐代武德年間，太宗率領部隊東渡黃河，攻打劉武周。江夏王李道宗當時才十七歲，也在軍中，隨著太宗登上玉壁城觀望敵人陣營。太宗回頭對道宗問道：「敵人依仗人多勢眾來逼我們交戰，你說應當怎麼辦？」道宗回答說：「敵人剛到，銳不可擋，用計謀就可以使敵人屈服，用蠻力則難以與他爭勝。我軍應該深溝高壘，以此挫敗敵人的銳氣。敵軍是烏合之眾，一定不能持久下去，糧草來源很快就要枯竭，那時敵軍就會自行離散，這樣可以不戰而能擒獲敵人。」太宗說：「你的觀點與我相同。」到後來，劉武周的部隊果然糧盡，乘著夜色逃走。太宗帶領兵馬追到介州，一舉擊敗敵人。

敵強我弱　不戰在我

《孫子兵法・虛實篇》中說：「我不欲戰，畫地而守之，敵不得與我戰者，乘其所之也。」

兩軍相遇，戰鬥在即，雙方都不敢先發動攻擊，奧妙在於做充分準備，後發制人，見有機可乘便進去，視其破綻而動，猶如箭在弦上，引而不發。

如果敵人首先佔領了有利地形來進攻，不能同它交戰，應堅壁防守，觀察戰局發展的勢態，時間一長，敵人的精神、士氣就懈怠了。佔領有利地形的一方，往往把地形當成完全依賴的條件，時間一長必定疏鬆。總的說來，於自己無有一利，所以採用不戰的戰術。不戰不是休戰，不是消極避戰，而是耐心等待，以圖良機、良策。

不戰本身就是一種戰法。敵強我弱，就要利用時間來消耗拖垮敵人，也是一條行之有效的謀略，它反映在以弱對強，以靜制動，以不變應萬變的正確指導思想，是克敵取勝的又一善策。

必戰第七十八

敵軍深溝高壘，就攻擊他必須救援之處

人世間，有正必有邪，有君子必有小人，邪可能一時佔上風，小人也會有得志之時，但邪不壓正，惡有惡報，這是世道之必然。人生在世不必想方設法去爭取功勞，只要沒有過錯便是功勞。幫助他人不必希望對方感恩圖報，只要對方不怨恨自己就算知恩報德了。

〔原　文〕

凡興師深入敵境，若彼堅壁不與我戰，欲老我師，當分兵攻其軍，搗其巢穴，截其歸路，斷其糧草，彼必不得已而須戰。我以銳卒擊之，可敗。法曰：我欲戰，敵雖深溝高壘，不得不與我戰者，攻其所必救也。

三國，魏明帝景初三年，召司馬懿於長安，使將兵往遼東討公孫淵。帝曰：「四千里征

戰，雖云用騎，亦當任力，不當計要，後費也。度淵以何計得策？」懿曰：「棄城預走，上策也；守遼東拒大軍，其次也；坐守襄城，此成擒耳。』曰：『三者何出？」懿曰：「惟明君，能量彼量我，預有所棄，此非淵所及也。」曰：「往還幾日？」對曰：「往百日，還百日，攻百日，以六十日為休息，一年足矣。」遂進軍。

淵遣將帥步騎數萬，屯遼隧，圍塹二十餘里。諸將欲擊之，懿曰：「此欲以老吾兵，攻之，正墮其計，此王邑所以恥過昆陽也。彼大衆在此，巢穴空虛，直抵襄平，出其不意，破之必矣。」乃多張旗幟，欲出其南，賊盡銳赴之。懿潛棄賊，直趨襄平。賊將戰敗，懿圍襄平。諸將請攻之，懿不聽。陳珪曰：「昔攻上庸，旬日之半，破堅城，斬孟達；今遠來，而更安緩，愚且惑之。」懿曰：「達衆少，而食支一年；淵軍四倍於達，而糧不淹月。以一月圖一年，安可不速？以四擊一，縱今失半而走，猶當為之，是以不計死傷而計糧也。今賊衆我寡，賊饑我飽，而雨水乃爾，攻其不設，促之何為？自發京師，不憂賊守，但憂賊走。今賊糧垂盡，而圍落未合；掠其牛馬，抄其樵採，此故驅之走也。夫兵者詭道，善因事變。賊憑衆恃雨，故雖饑困，不肯束手，當示無能以安之。若求小利而驚之，非計也。」即而雨霽，造攻具攻之，矢石如雨。淵糧盡窘，急人相食，乃使其將王建、柳甫請降，懿斬之淵突圍而走，懿復追及大梁水上，殺之，遂平遼地。

〔譯　文〕

凡是帶領部隊深入敵國境內作戰，如果敵人堅守不與我方作戰，想拖垮我軍，就要分兵攻擊敵人，擊毀他的巢穴，切斷他的退路與糧食來源，如此，敵人不得不同我軍交戰。而我方就以精銳隊伍重創敵人，這樣就能打敗敵軍。兵法上說：我軍如果想交戰，敵軍雖深溝高壘，但是攻擊他必須救援的地方，敵軍就不得不離開陣地同我軍接戰。

三國時代，魏明帝景初三年（西元二三九），明帝召司馬懿到長安，命令他帶兵到遼東征討公孫淵。明帝說：「四千多里的遙遠征戰，雖然是用騎兵部隊，也要耗很大的力氣，需要有適當的謀略與後勤費用。你認為公孫淵對此會使用什麼計謀比較合適呢？」司馬懿說：「公孫淵如若棄城逃走，這是上策；固守遼東，抗擊我國大軍，這是中策；坐著不動防守襄平城（今遼陽市），這樣就會被我軍擒住。」明帝問道：「這三計之中，公孫淵會用那一計呢？」司馬懿回答說：「只有明白事理的人，才能正確估量自己與敵人。事先有所放棄，這不是公孫淵所能做到的。」明帝又問：「來回大概要多長時間呢？」司馬懿回答說：「去用一百天，回來用一百天，攻戰用一百天，休整用六十天，一年足夠了。」於是司馬懿便向遼東進軍。

公孫淵命令大將領導步、騎兵幾萬人，駐紮在遼隧，開挖戰壕二十多里長。魏軍將領都想出擊，司馬懿說：「這是敵人想拖垮我軍。攻擊他，就正中他的計謀，如同王邑恥於放過昆陽一般。敵人大多數在這裡，其巢穴必然空虛。我軍現在直接攻擊襄平，出乎敵人的意外，必然能攻破城邑。」魏軍便廣樹旗幟，做出要攻擊遼隧以南的樣子，敵人的精兵於是奔到那裡。司馬懿便悄悄地避開敵人，直接奔戰襄平。城外的敵人被打敗後，司馬懿便包圍了襄平城。各路將領都請戰攻城，司馬懿也不聽從。陳珪說：「從前您進攻上庸的時候，十天之內就攻進城內，斬殺了孟達，現在從遠道而來，反而還安穩得很，我很愚笨，的確疑惑不解。」司馬懿說：「孟達的兵員少，而糧食能維持一年。公孫淵的兵力是孟達的四倍，糧食卻不能持守一個月。用一個月的時間攻擊能維持一年的敵人，怎麼能不速戰呢？如果是以四擊一，即使現在損失一半而可戰勝，我也會發起攻擊的。所以不是計算死傷，而是在計算糧食，如今是敵眾我寡，敵饑我飽，雨水又這樣大，我軍如果進攻他不設防的地帶，就會使他增兵防範，這樣有什麼好處呢？自從京城出發，我則不擔心敵人防守，只擔心敵人逃走，如今敵人的糧草快完了，而我們的包圍圈還沒有連接起來，如果搶奪他的牛馬，截擊他砍柴的樵夫，這是有意驅趕敵人逃走。用兵是一種詭詐的原理，全靠對待具體的事情變化而變化。敵人憑藉著兵多將廣，依靠著雨水，雖饑餓困倦，仍然不會束手投降。所以，我軍應裝出不能攻擊的樣子，這樣就能暫時穩住他。如果為了小利益而驚動了敵人，這就不是好謀略。」

過不多久，雨停止了，魏軍趕緊製造攻城器具。攻城時，箭、石頭等像雨水一樣飛向城裡。公孫淵的糧草已盡，陷入了困境之中，危急時恨不得人吃人，於是派遣將軍王建與柳甫到魏營來請求投降，司馬懿卻殺了這兩個人。公孫淵突圍而逃。司馬懿緊追到大梁河（今太子河）岸邊，斬殺了公孫淵，遼東終於被平定。

搗其巢穴　斷其糧草

孫子認為：如果我軍想交戰，即使敵人高壘溝深也不得不出來與我方交戰，這是因為我軍攻擊的是敵人必救的地方。

戰爭中進攻者急於求戰，因為作戰的有利條件在他一方。例如我眾敵寡，我強敵弱，我先處戰地，佔盡了天時、地利、人和等條件。敵人力量薄弱，堅守不出。我想求戰，必先攻敵必救所在，從而引誘敵人出戰。攻敵必救之處是關鍵所在。

司馬懿採用攻其必救之術，成功地將彈盡糧絕的敵軍引誘出來，進入自己設置好的伏擊圈，一舉殲滅，一整套作戰計劃，一氣呵成，如行雲流水。這個戰例進一步說明了《孫子兵法》的合理性與科學性。紅軍在長征途中，曾四渡赤水，出奇兵，其中有一次就是佯攻貴陽老蔣的老巢，把黔軍成功的調開，得以順利突圍，這就是攻敵所必救的作戰方法。

避戰第七十九

敵人強大、氣盛，宜於避其鋒芒

人生難免有大難降臨的時候，如果降臨在個人身上，人們可設法避開災難。以逃出性命為第一選擇，把物質損失降為第二目標，大概可以避免災難。如果災難降臨在一群人的頭上，集大眾的智力團結一致，共同抵禦災難，也許能使大家都避免災難的痛苦。

〔原　文〕

凡戰強敵，初來氣銳，我之勢弱，難以相持，且當避之。伺其疲憊而擊之，則勝。法曰：避其銳氣，擊其惰歸。

漢靈帝中平六年，涼州賊王國圍陳倉，以皇甫嵩討之。董卓請速進，嵩曰：「百戰百勝，不如不戰而屈之。是以善用兵者，先為不可勝，以待敵之可勝。陳倉雖小城，固有備未易拔。

王國強攻陳倉不下，其衆必疲，疲而擊之，全勝之道也。」圍攻之，終不下，其衆疲憊解去，嵩率兵追擊之。卓曰：「窮寇勿追，歸師勿遏。」嵩曰：「不然。」乃獨追擊，而破之，卓由是有慚色。

〔譯　文〕

戰鬥中如果敵人強大，又是初來氣盛，而我軍勢小力薄，難與敵人爭勝，則宜當避開敵人的鋒芒。等待敵人疲憊時再發動攻擊，這樣就能獲勝。兵法上說：避開敵人的銳氣，等到敵人的士氣衰退時就攻擊他。

東漢靈帝中平六年（西元一八九），涼州王國圍困陳倉（今寶雞市東部）。靈帝以皇甫嵩為統帥去征伐他。董卓請求立即發動攻擊，皇甫嵩說：「百戰百勝，不如不戰而使敵人屈服為上策。所以善於用兵的人，先要裝出不能戰勝敵人的樣子，等待戰勝敵人的時機。陳倉雖是一個小小城鎮，原先已經有防禦工事，敵人未必容易攻破。王國強攻不下，部隊必然疲勞，等到他們疲憊時再出兵攻擊他，這是獲取勝利的辦法。」

王國圍攻陳倉，久攻不下，軍隊疲憊不堪，只好撤退。皇甫嵩率軍追趕，董卓說：「窮寇莫追，回歸的軍隊不能阻擊。」皇甫嵩說：「不能那樣。」便獨自領兵追擊，王國被打敗了。董卓因此有慚愧之色。

機。」

本文中皇甫嵩精通兵法，先不出戰，固守陳倉要地，等到王國軍隊疲憊時，出兵攻擊，一戰獲勝。從而顯示先避後戰的強大威力。後代軍事家在戰爭中不斷充實完善這一戰術，漸漸發展形成了避實擊虛的系統戰術。

避其銳氣　擊其惰歸

避，絕不是躲避、逃避，而是一種忍而待發，後發制人的戰略戰術。

孫子認為：「善於用兵作戰的人，首先要做到使自己不會被敵人戰勝，然後等待機會戰勝敵人。使自己不可能被敵人戰勝的主動權在自己，可能戰勝敵人則在於敵人有疏漏、有可乘之機。」

明太祖朱元璋死後，皇太孫朱允炆即位，史稱建文帝。建文元年七月，燕王朱棣舉兵造反。燕軍與明朝官軍展開了長達兩年多的拉鋸戰，雙方各有勝負。儘管朱棣常常身先士卒，出生入死，但他所攻佔的城鎮，撤軍後很快又被官軍奪去，形勢對朱棣越來越不利。朱棣為此憂心忡忡。

正在這時，一名朝廷貶官前來投靠朱棣，向他稟報了都城空虛的情況，朱棣的心腹謀臣姚廣孝道衍和尚也從北平城派人送來書信，建議朱棣「毋下城邑，疾趨京師；京師單弱，勢必舉」。

朱棣得計，猶如絕路逢生，大喜過望。建文三年十二月，朱棣避開與明朝官軍正面作戰的戰場，破釜沉舟，遠襲京師，不到五個月就攻到了長江北岸，與京師僅一水之隔。建文帝沒有料到燕王會有此一舉，大兵全已派出，京城無力防衛，只好向燕王朱棣請求割地以和。朱棣勝券在握，豈肯罷手，揮師過江，一舉攻下京城。

圍戰第八十

包圍敵人要留有缺口

世間萬事萬物都含有相反相成，物極必反的規律。進攻也罷，圍城也罷，猶如一個作用力加諸敵人身上，作用力要適度。

若認為力量愈大愈好，攻擊越猛、圍困越急則效果愈佳，往往適得其反。作用力越大反作用力亦越大，狗急跳牆、困獸猶鬥形象地表現了這一哲理。

〔原　文〕

凡圍戰之道，圍其四面，須開一角，以示生路。使敵戰不堅，賊城可拔，軍可破。法曰：圍師必缺。

漢末，魏曹操圍壺關，攻之不拔。操曰：「城拔皆坑之。」連日不下，曹仁言於曹操曰：「圍城必示活門，所以開其生路也。今公告之必坑，使人人自為死。且城固而糧多，攻之則士卒傷，守之則延日久。今頓兵堅城下，攻必死之敵，非良策也。」操從之，乃拔其城。

〔譯　文〕

包圍敵人的作戰方法，應包圍敵人的四面，還得放開一角，予以表示給敵人一條生路，迫使他們作戰不堅強，這樣就能攻破敵人的城池，打敗敵軍。

兵法說：包圍敵人要留有缺口。

東漢末期，魏帝曹操圍困壺關，連續幾天都攻不下。曹操說：「破城之後，要把城裡人全部活埋。」這樣連攻幾次還是攻不下。

曹仁（曹操堂弟）對曹操說：「圍城必得留個活門，這樣使敵人有一線求生的希望。現在您告訴敵人要活埋他們，如此敵人個個都會死戰，而且這座城工事堅固，糧草也很多。我軍強攻，將士傷亡必定慘重，圍困不攻，時間又拖得太長。如今把部隊安紮在堅固的城下，進攻抱著必死之心的敵人，這不是好策略。」

曹操聽從了曹仁的建議，於是攻下了壺關城。

圍其四面　須開一角

包圍與反包圍是一種常見的戰術。古代戰爭，其目的是掠敵地盤，擴大疆界，以顯示獲勝者的文治武功。也就是在這個基礎上，形成了兵法上一系列有關包圍戰的具體指導思想。

孫子認為：「在包圍敵人的戰鬥中，宜當留有缺口，避免敵人作困獸之鬥。在佔地為先的有利情形之下，可適當給受困的敵人留有退路。有求生的條件，則敵軍鬥志可摧。不然置之於死地，即使獲勝，自己付出的老本也大。」

在現實生活中，我們為人處事不可做得太絕，遇事留個退路，不然極則生反。宜於以適可而止、見好就收的態度去面對生活，過度地苛求，不僅累及自己，同時也製造一定範圍內的緊張情緒。

聲戰第八十一

作戰中所謂的聲，就是虛張聲勢

示以轟轟隆隆的聲音，像是千軍萬馬隱在雲端高吼，這種恐嚇敵人的聲音叫「天喉」。

示以水流的聲音，像是營內千軍的吶喊，這種恐嚇敵人的聲音叫「鬼號」。

示以聲似洶湧的潮水，又像水從高處向下奔騰咆哮，受震駭的敵人驚慌失措，自相撞擊踐踏，而被殲滅。

〔原　文〕

凡戰，所謂聲者，張虛聲也。聲東而擊西，聲彼而擊此，使敵人不知其所備。則我所攻者，乃敵人所不守也。法曰：善攻人者，敵不知其所守。

後漢，建武五年，耿弇與張步相拒。步使其弟藍將精兵二萬守西安，諸郡太守合萬餘人守臨淄，相去四十餘里。弇進兵畫中，居二城之間，視西安城小而堅，且藍兵又精；臨淄雖大，而易攻，乃敕諸將會，侯五日攻西安。藍聞之日夜為備。至期，弇敕諸將夜半皆蓐食，會明，至臨淄。護軍荀梁等爭之，以為宜速攻西安。

弇曰：「西安聞吾欲攻之，日夜備守。臨淄出其不意，至必驚擾，攻之，則一日可拔。拔臨淄，則西安孤。張藍與步阻絕，必自亡去，所謂擊一而得二者也。若攻西安，卒不下，頓兵堅城，死傷必多。縱能拔之，藍帥兵奔還臨淄，併兵合勢，觀人虛實。吾深入敵地，後無轉輸，旬月之間，不戰而困。諸君之言，未見其宜。」

遂攻臨淄，半日拔之，入據其城，張藍聞之，果將兵亡去。

〔譯文〕

作戰中所謂的聲，就是虛張聲勢，即聲東擊西，聲南擊北，使敵人不知道怎麼防備。這樣我所攻擊的地方，就是敵人不防守的地方。兵法上說：「善於進攻的人，敵人不知道從哪裡防守。」

東漢建武五年，光武帝的名將耿弇征討張步。張步派他的弟弟張藍率領精銳部隊二萬人馬防守西安（今山東桓臺東），自己便集合各個州郡人馬共計一萬多人防守臨淄。西安與臨淄相距四十餘里。耿弇的軍隊進到畫中，位置在兩城之間。耿弇觀察出西安城雖小但防禦工事堅固，張藍所帶的部隊又是精兵，臨淄城雖大而容易攻下，於是集合各路將領，揚言五天之後要攻打西安。耿弇命令各路將領半夜埋鍋造飯，天剛亮就奔向臨淄。護軍荀梁等人爭辯說要趕快攻打西安。

耿弇說：「西安的軍隊得到我軍要進攻西安的消息，日夜加緊防守。我們攻打臨淄是出其不意，臨淄的敵人必定驚慌失措，攻打臨淄，大概一天就能攻破。臨淄攻破了，西安就孤立了。張藍與張步斷絕開了，張藍必定自行逃走。這就是打一個而能得兩個的計策。攻打西安，如果我軍還是攻打不下，讓軍隊在防守堅固的城池下攻戰，傷亡必然慘重。即使打下了西安，張藍也會領兵逃到臨淄，三處兵力匯合，勢力大增，就有乘勢攻打我軍的可能。我軍深入敵國境內作戰，又缺乏後方的援助，最多一個月，不戰就會困死。你們提出的作戰方案，我認為非常不適合。」

於是，耿弇去攻打臨淄，半天時間就攻破了，部隊便開進城裡。張藍聽到臨淄已破的消息，果然帶著部隊逃走了。

虛張聲勢　聲東擊西

實戰中以謀略來控制形勢發展、變化，所謂的「兵不厭詐」、「虛張聲勢」、「聲東擊西」，這些都是古代兵家常用的策略。

《武經要略》中說：善於用兵之人，不待出兵布陣就能取勝；善於布陣之人，不須進行作戰就能定勝負。《軍志》中說：先打破敵人的意志與企圖，不等兩軍接觸，勝敗的形勢就擺在我們的面前。

揭子暄說得更明確：顯示威力震驚敵人，這是常用的方法。特別是在沒有這樣力量的時候，就在於故意大張聲勢；不打算行動的時候，就要故意裝出行動的樣子；力量不足的時候，就要故意顯示力量強大，或故意布疑陣迷惑敵人。長自己的威風，滅敵人的志氣，出奇兵勝敵，這就是虛張聲勢的效用。

用現代管理角度來看，所謂「先聲」，則是充分運用各種宣傳方式，事先造成一種有利的聲勢和樹起一種美好形象。

周敬王四十二年，由於連年征戰，本已國力疲乏的吳國又遇到大旱災，府庫空虛，饑民遍野，防務鬆弛。越王勾踐認為這又是一次大舉伐吳、洗雪國恥的好機會，遂舉兵再次伐吳。

吳王夫差聞得勾踐又來進攻，將至笠澤（今江蘇吳江縣一帶），慌忙率吳國全部人馬迎敵。夫差在江北，勾踐在江南，兩軍隔江對壘。

勾踐登高遙望江北，見夫差軍隊數量和自己的差不多。他和范蠡、文種研究對策，決定佯攻取勝：范蠡率右軍逆江而上，文種率左軍順流而下，先於黃昏之時在江中隱蔽好，夜裡再虛張聲勢，誘敵上鉤。勾踐自己則親率中軍主力，伺機渡江。

夜半之時，夫差突然聽到左右兩處戰鼓齊鳴，喊聲震天，以為越軍分兩路渡江，急忙分兩路迎敵。早就作好一切準備的勾踐見吳軍主力已一分為二，各向左右奔去，立刻偃旗息鼓，從中間部位潛行渡江。

留守在這裡的吳軍已經所剩不多，竟成了吳軍的防線的薄弱環節。勾踐輕而易舉地擊潰守軍，渡過江去，乘勝追擊至沒邑（今江蘇吳縣南）。吳軍左右兩軍撲空後急急回救，到沒邑時已是人困馬乏，又被勾踐殺得落花流水，望風而逃。勾踐在後面猛追，在吳都城郊區追上吳軍。此時，范蠡和文種所率領的左右兩路軍也已渡江趕來，圍殲吳軍。吳軍大敗。夫差帶著僅存的殘兵敗將逃入城中，閉門不出。

勾踐見消滅吳國有生力量的目的已經達到，遂班師回國。

和戰第八十二

敵人未受挫折而求和，是另有計謀

性情急躁粗心大意者，做什麼事都難以成功，甚至一事無成；性情溫和心境平靜者，做事周詳思考而易成功，往往各種福份會自然而來。天地之間不可一天沒有祥和之氣，人間也不可一天沒有舒暢的情趣。一個功名、事業有所成就的人，始終保持著和藹的美德，就不會招致人們的嫉妒。

〔原　文〕

凡與敵戰，必先遣使約和。敵雖許諾，語言不一。因其懈怠，選銳卒以擊之，其軍可破。法曰：無約而請和者，謀也。

秦末，天下兵起，沛公西入武關，欲以二萬人擊嶢關。張良曰：「秦兵尚強，未可輕視。

聞其將多商賈子，利以動之則易。如願且留壁。」先遣人益張旗幟為疑兵，而使酈生為陸賈往說秦將啗以利，秦將果欲連和。沛公欲聽之，良曰：「此獨其將欲叛，恐士卒不從，當因其懈擊之。」沛公乃引兵擊秦軍，大破之。

〔譯　文〕

敵我交戰，必須先派出使者議和，敵人雖然同意某些條件，卻言語不一致。這時就要乘敵人不備的時候，派出精兵猛烈攻擊，就能夠打敗敵人。兵法上說：敵人在沒有受挫折的時候而請求議和，是另有計謀的。

秦代末期，天下各處興兵，沛公劉邦向西進兵武關（今河南、陝西交界處），準備用二萬人馬進攻嶢關（今霸水上游）。

張良說：「秦軍勢力還很強大，不可輕視他們。聽說秦軍將領多數是商人弟子，用重利打動他們是比較容易的。如果您同意，請暫時留在山上。」劉邦先派遣人員廣張旗幟作為疑兵，隨著便派酈生做說客，向秦軍將領們陳述利害，果然秦軍將領想議和。

劉邦也同意議和，張良說：「這只能說明秦軍將領想反叛求和，戰士可能不會同意。最好是乘敵人懈怠時發動攻擊。」劉邦迅速領兵攻擊，秦軍大敗。

約和不誠　銳兵擊之

兵者，詭道也。用兵作戰的詭詐性質決定了戰爭形式的真真假假，虛虛實實。

歷代戰爭中，假和真打，假打真和的事例確實不少。戰爭目的單一性與戰爭形式上的多樣化，構成戰爭的無窮魅力和豐富內容。歷代軍事家都潛心戰爭與戰場上的各種變化，傑出的將領都善於利用和戰的策略欺蒙對方，以便取得有利的作戰形勢。

孫子說：「敵人表面上言辭謙卑恭順卻又在加緊戰備，是想進攻；敵人措辭強硬，在行動上做出逼進的姿態，是準備撤退。」

劉伯溫在和戰的思想中又加入了誘敵與聲東擊西的內容，力求作戰以假和迷惑對方，以便一舉擊破。

劉邦採納了張良的建議，對秦軍議和表面接受，暗中出奇兵大破秦軍，就是以和為手段，以戰為目的的一個典例。

受戰第八十三

敵人衆多，必須嚴陣以待

不是自己份內應享受的幸福，無緣無故受到意外之財，即使不是上天用來誘惑你的釣餌，也必然是人間歹徒用來詐騙你的機關陷阱。

真正是大器量之人，絕對不會受他人所惑的。

一個人不過分自信自己的才幹，則不會受到一時意氣的驅使。

〔原　文〕

凡戰，若敵衆我寡，暴來圍我，須相察衆寡、虛實之形，不可輕易遁去，恐為尾擊。當圓陣外向，受敵之圍。雖有缺處，我自塞之，以堅士卒之心。四面奮擊，必獲其利。法曰：敵若衆，則向衆而受敵。

《北史》魏普泰元年，高歡討爾朱兆，孝武帝永熙元年春，拔鄴。爾朱天光自長安，兆自晉陽，度律自洛陽，仲遠自東郡，同會於鄴，衆二十萬夾漳水而軍。歡出頓紫陌，馬不滿三千，步兵不滿三萬，乃於韓陵為圓陣。連牛驢以塞歸路，將士皆為必死。選精兵步騎從中出，四面擊之，大破兆等。

〔譯　文〕

作戰中，如果敵人以數倍於我軍的兵力突然包圍了我軍，就要認真觀察眾寡、虛實的形勢，卻不能輕易逃走，擔心敵人隨後追擊我軍。宜當把部隊列成圓陣面向外，用來對付敵軍的包圍。就是有缺口，我方也要盡力堵住，以堅定將士們的信心。這樣四面作戰，一定能取得勝利。

兵法上說：如果敵軍眾多，必須面對敵軍嚴陣以待。

《北史》記載：北魏普泰元年（西元五三一），高歡征討爾朱兆，魏孝武帝永熙元年（西元五三二）春季，攻取了鄴地。爾朱天光從長安，爾朱兆從晉陽（今太原西部），爾朱度律從洛陽，爾朱仲遠從東郡（今河南滑縣）率軍於鄴地會師。爾朱氏的部隊二十萬人沿著漳河西岸安營紮寨。高歡出鄴城駐紮在紫陌。當時，他的騎兵不足三千，步兵不足三萬。於是高歡在韓陵山下擺起一個圓陣，把牛與驢連接起來堵住退路。將士們都做好了必死的心理準備。高歡挑選精銳步兵與騎兵從圓陣殺出，四面衝擊敵人，大敗爾朱氏的軍隊。

圍陣外向　受敵之圍

如果我軍受包圍，必須認真考察情形，不可輕易逃走，嚴防敵人追擊。宜當將部隊擺成圓陣面向外，用以對付敵人的包圍。從不利中尋求有利因素，有效地打擊優勢之敵。

戰鬥中，如果敗逃的一方四散奔逃，就會形成兵敗如山倒，一泄千里而不可收拾的局面。只有迅速集結部隊，堅定官兵的信心，重整旗鼓，才能有反敗為勝，扭轉戰局的可能。

受戰是一種不得已而為之，而又必得為之的戰術。從整個戰略上考慮，局部的受戰，不僅可以延遲大決戰的時間，為己方創造有利戰機，同時也可不斷拖垮敵人，消滅敵人的囂張氣焰，為反敗為勝創造機會。

戰國初期，晉國大權落入智伯手中。智伯為了提高自己的聲望和擴大實力，不斷地對外發動戰爭，鄰近的小國紛紛遭殃。

這一年，智伯把目光盯住了弱小的衛國，他的如意算盤是：讓晉國太子顏佯做在晉國待不下去的模樣，逃到衛國避難，自己派精兵混在太子顏出逃的隊伍中，以做內應，等自己興兵後，裡應外合一舉滅掉衛國。

太子顏帶領一隊人馬「逃」到衛國邊境，向守關衛將陳述了自己「逃離」晉的原因，期望能進入衛國，見到衛國國君。衛將急忙將情況匯報給衛王，請示衛王是否可以放太子顏一行人入關。衛王覺得太子顏的話可信，於是下令準備車馬，去邊境迎接太子顏。

衛國大臣南文子是個智勇雙全的賢臣，衛將秉報衛王的話，他全聽在耳中，這時，他挺身勸道：「大王怎麼能僅憑幾句話就讓他國人進入我國呢？我聽說太子顏是個安分守己的人，怎麼會突然犯罪？再說，從太子顏說的話來看，他『犯』的罪也不至於非出逃不可啊！」

衛王恍然大悟，但是，轉而一想，太子顏來投奔自己，不去迎接也不對，便下令道：「告訴守關將軍，太子顏來我國，要歡迎！太子顏的隨從不能太多，車輛不超過五乘。」智伯的陰謀破滅了。

智伯不甘心自己的失敗。過了一段時間，智伯為表示對衛國的「友好」，派人給衛王送去了數匹駿馬和無瑕白璧。衛王看著駿馬、捧著白璧，樂得合不攏嘴，諸位大臣也七嘴八舌地連連誇讚，惟獨南文子站在一邊，一言不發。

衛王感到奇怪，問南文子：「你好像有什麼心事似的，為什麼悶悶不樂啊？」

南文子回答：「晉國是個大國，我們是個小國，天下哪裡有大國無緣無故送東西給小國的道理啊！大王不擔心這裡面還有其它的緣故嗎？」

衛王放下白璧，道：「你說得對，我們應該提防晉國才是。」隨即下令：守疆將士，不得鬆懈！發現敵情，立即傳報。

智伯派人把駿馬和白璧獻給衛王，目的是要麻痺衛國，趁衛國失去警惕，趁虛而入。

駿馬和白璧送給衛國不久，他就率領晉軍抵達晉、衛的邊境上，令他吃驚的是：衛國不但沒有放鬆戒備，反而嚴陣以待。智伯悻悻地對身邊的將佐說：「衛國有能人在，我們不要再打它的主意了！」於是，班師回國。

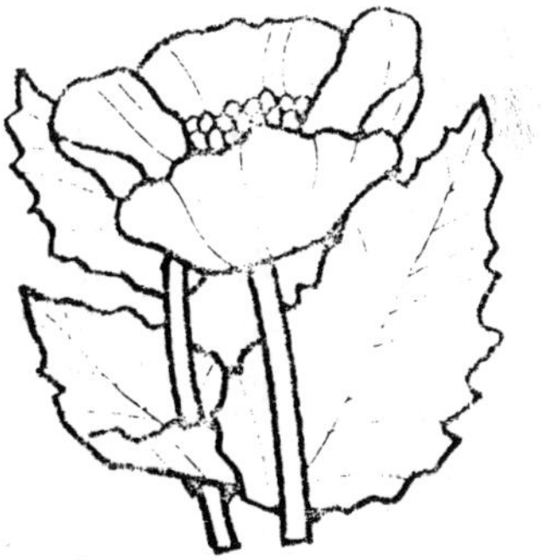

降戰第八十四

接受敵人投降如同接受敵人挑戰

野獸雖然難制伏，可是人心卻更難以降服；溝壑雖然難填平，人的慾望卻更難以滿足。

人心難以降服，只要一提到這句話，然人們一想到的就是他人。殊不知最難降服的卻是自己的心，能自降者就能自勝。所以老子說：「勝人者有力，自強者強。」

〔原　文〕

凡戰，若敵人來降，必要察其眞偽。遠明斥堠，日夜設備，不可怠忽。嚴令偏裨，整兵以待之，則勝，不然則敗。法曰：受降如受敵。

後漢建安二年，曹操討張繡於宛，降之。既而悔恨復叛，襲擊曹操軍，殺曹操長吏及子昂，操中流矢，師還舞陰。繡將騎來，操擊破之。繡奔穰，與劉表合。操謂諸將曰：「吾降繡，失在不便取質，以致於此，諸將觀之，自今以後不復敗也。」

〔譯文〕

凡是在戰場上，如果敵人來投降，必須認真考察他們是真降還是假降，宜當早先命令偵察人員，日夜警戒，不能馬虎了事。嚴令部下將領整頓好隊伍，嚴陣以待，這樣才能取勝，不然就會失敗。

兵法中說：接受敵人投降如同接受敵人挑戰。

東漢建安二年（西元一九七），曹操在宛城征討張繡，張繡帶領部隊投降，不久又反叛曹操，偷襲曹軍，殺了曹操的將士及長子曹昂，曹操也中了亂箭，曹操便把部隊撤退到舞陰。張繡帶著騎兵隨後追擊，被曹操打敗。張　逃奔穰城投向劉表。曹操對將領們說：「我接受張繡投降，疏忽在沒有從他那兒提取人質，致使出現這樣的情形，各位請看我吧，從今之後我再也不會出現這樣的失敗。」

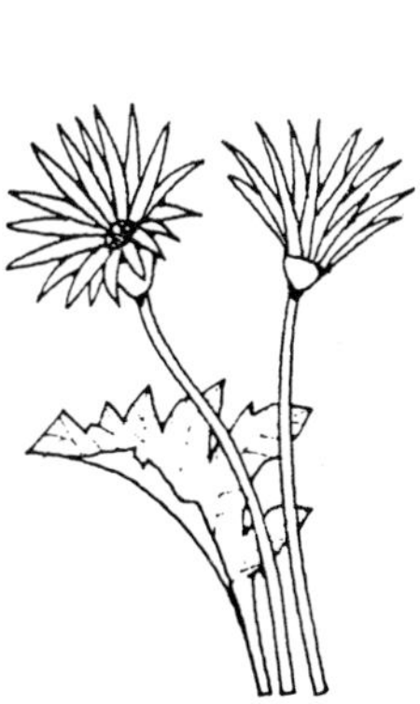

察其真偽　遠明斥堠

當敵人前來投降，一定要察其真偽，派出偵察人員，嚴密防備。詐降是處於劣勢的敵方一貫所用的戰術。

「受降如受敵」告誡受降一方，要嚴令將領整頓好部隊，嚴陣以待，不可鬆懈馬虎。不然要吃大虧，等於引狼入室，提供敵人反敗為勝的機會。投降是戰敗者不得不面對現實的選擇，從戰略利益考慮，投降是一種手段，也是一種必然趨勢。作為手段投降，往往是反敗為勝的一種花招。

曹操本性多疑，在奸詐方面很少犯錯誤，但在他一生中卻吃了兩個這方面的大虧。一次是宛城張繡詐降，使曹操失去大將典韋與長子曹昂，再一次是赤壁之戰中黃蓋詐降，使曹操失去了統一中原的良機。由此可知，戰爭中受降一定要像劉伯溫說的那樣，做好各方面的充分準備，才能萬無一失。

天戰第八十五

順天時而制定征討策略

霽日晴天，突然變為雷鳴閃電；疾風暴雨，突然變為朗月晴空。主宰天氣變化的大自然一刻也不會停止運動，天體之運行亦不會發生絲毫阻礙。故人類的心理應如同大自然，使喜怒哀樂的變化合乎理智準則。

萬物有變，諸事有理，行事須適度。然此一時彼一時，大千世界，形形色色，物定無常，事亦多變。

心體光明，暗室中有青天；念頭暗昧，白日下有厲鬼。

〔原　文〕

凡欲興師動眾，伐罪吊民，必任天時，君暗政亂，兵驕民困，放逐賢人，誅殺無辜，旱蝗水雹，敵國有此舉，兵攻之，無有不勝，法曰：順天時而制征討。

北齊，後主緯，隆化元年，擢用邪佞。陸令萱、和士開、韓長鸞等，宰制天下，陳德言、何洪玠等參預機權，各領親黨，升擢非次。官由財進，獄以賂成。亂政害人，遂致旱蝗水潦，寇盜並起。又猜嫌諸王，皆無罪受損。丞相斛律光及弟荊山公羨，並無罪受誅。甫形復溺之萌，俄見土崩之勢，周武帝乘此一舉而滅之。

〔譯 文〕

凡是想興師動眾，為民征伐，必須根據天時。國君如果昏庸，政治混亂，軍隊驕橫，人民貧困，放逐賢能，亂殺無辜，旱、蝗、水、雹等災害時有發生，攻打這樣的國家，沒有不取勝的。兵法上說：順應天時而制定征討策略。

南北朝時期的北齊隆化元年（西元五七六），後主高緯提拔選用邪佞之人，陸令萱、和士開、韓長鸞等人，宰割天下，陳德方、何洪玠等人參予權政，他們各自擁有親朋、徒黨，對待這些人提拔是一步登天，官是以金錢而晉升，訴訟是以賄賂而定案。政治混亂，人民遭殃，招旱、蝗、水等自然實害的發生，盜寇並起。後主則懷疑各個王族，致使他們無罪受害。丞相斛律光以及他弟弟荊山公斛律羨無辜受殺害。剛出現了走向覆滅的萌芽，不久便顯出了土崩瓦解之勢，北周武帝乘這個時機一舉滅亡了北齊。

代罪吊民　必任天時

這裡所說的天時，是指天災、人禍摻雜在一起所產生的利於用兵的契機。

如果國家受到外寇入侵，大舉進犯，惟有內部團結一致，修明政治，全國人民同心協力，將士奮勇抗戰，敵人則處於人民戰爭的汪洋大海之中，敵人最終要失敗。歷史上無數次外寇入侵中原，都因全國人民同仇敵愾，最終把侵略者趕出門外。

孫子說：「善於指揮作戰的人，必須修明政治，確保法制觀念，把握住戰爭勝敗的決定權。」因內患引來的外憂，這是歷史上無數次的教訓。東齊末帝不修政治，重用大批奸臣賊黨，拋棄「勿以善小而不為，勿以惡小而為之」的古訓，弄得國內動蕩不安，百姓四處逃散，無家可歸，周武帝便乘此機會，一舉滅齊。

漢武帝死後，大將軍霍光、車騎將軍金日磾、左將軍上官桀奉遺詔輔佐少主劉弗陵，即漢昭帝。當時，漢昭帝年僅八歲。漢昭帝登基，大赦天下，同時對諸侯王都有賞賜。各諸侯王對漢昭帝均回書表示感謝，惟獨燕王劉旦氣憤地說：「皇帝應該讓我來做！我不需要什麼賞賜。」劉旦與劉氏宗室劉長、劉澤等人朝夕謀劃，企圖造反，但行事不周，被人告發，劉長、劉澤被朝廷逮捕，處以極刑，昭帝則下詔，沒有處罰劉旦。

劉旦幸免於死，而且繼續作燕王，本該懸崖勒馬，對昭帝感恩不盡，但劉旦不思圖報，反認為昭帝好欺負。他勾結對霍光不滿的權臣上官桀和御史大夫桑弘羊、鄂邑長公主，又用重金收買朝中大臣，密謀先殺掉大將軍霍光，然後奪取最高權力。

劉旦上書漢昭帝，密告霍光謀反，奏書寫道：「霍光出行，讓羽林軍為他開路；霍光擅自調動軍隊，企圖謀反。」又寫道：「臣旦願入京保衛皇上，監察奸臣。」

漢昭帝雖然是個十幾歲的孩子，但聰明、有主見。他說：「大將軍大權在握，要想造反，早就造反了，何必還要調動京城外的軍隊，這奏章肯定有假。」漢昭帝下令逮捕為劉旦送奏章的人，嚇得此人慌忙逃離京城。

劉旦不甘心失敗，又與上官桀、鄂邑長公主通過驛書往來，密謀殺害霍光，迎立劉旦為帝。劉旦還許諾上官桀為王。劉旦的相國惴惴不安，勸劉旦道：「大王上次輕信劉澤、劉長，險些鬧出大事，現在又與左將軍、車騎將軍密謀，這兩個人輕狂傲慢，不足以成大事，我擔心他們敗事有餘，到時候反受牽連。」劉旦說：「我是武帝的長子，理應作皇上，到時候，天下的人肯定都會擁護我！」於是，不顧相國的勸阻，派出使者，拿著貴重禮物，四處活動，其黨羽遍布全國各地，達數千人。

劉旦得意洋洋，準備起兵。但尚未來得及調動軍隊，陰謀再一次被人揭露。漢昭帝將上官桀、桑弘羊等人一一處死，消息傳到劉旦耳中，劉旦頓時驚呆了。

漢昭帝下詔追究劉旦的罪過，劉旦走投無路，只好上吊自殺。

人戰第八十六

人是萬物之靈，亦是戰爭的主宰者

要想追求良金美玉般純潔的人品，必須到艱難困苦中去磨練；要想創立驚天動地的功績，必須到難關險隘中去拼搏。

一個受了教育、有知識、有頭腦的人，不可以沒有寬廣的胸懷和強忍的毅力。

一個人不僅要心地寬宏，胸懷開闊，識見廣博，學問深厚，善於團結人，朋友遍天下，還要有一種百折不撓、不達目的誓不罷休的意志與力量。

〔原　文〕

凡戰，所謂天官者，係人事而破妖祥也。行軍之際，或梟集牙旗，或杯酒變血，或麾竿毀折，惟主將決之，若以順討逆，直逆以伐曲，以賢擊愚，皆無疑也。法曰：禁邪去疑，至死無所之。

唐，武德六年，輔公祏反，詔趙郡王李孝恭等討之。將發，與將士晏集，命取水，水變為血，在坐皆失色。孝公自若曰：「無疑，此乃公祏授首之徵也。」飲而盡之，衆心為安。先是賊將拒險邀戰，孝恭堅壁不出，以奇兵絕其糧道。賊饑，夜薄李孝恭，孝恭堅臥不動。明日，以羸兵扣賊營挑戰，別選騎陣以待。俄而羸卻，賊追北且囂，遇祖尚，薄戰遂敗。趙郡王乘勝破其別陣，輔公祏窮走，追騎生擒之。

〔譯　文〕

在戰鬥中所謂的天官天命等，都是由於當事人能夠除妖立祥方面的言語而形成的。行軍作戰之前，梟祭牙門軍旗時，或者以杯中之酒變成了血色，或者旗竿折斷，這樣的現象只有主帥能夠做決定。如果是以忠順討伐叛逆，以正直對待邪佞，以賢能攻擊愚笨，自己都應該無所懷疑。兵法上說：禁止邪惡去掉疑惑，到死也無所改變。

唐代武德六年間，輔公祏反叛朝廷，皇上詔令趙郡王李孝恭等人率軍前往征討。李孝恭在即將出發之時，與將領們舉行晚會，命人取來水，水變成血色，在坐之人都大驚失色。李孝恭卻神情自若地說：「各位不必疑慮，這乃是輔公祏即將授首的徵兆。」說完便把水一飲而盡，大家的心這才安定下來。出征之後，敵人盤踞在險阻之地而來求戰。李孝恭堅壁不出，卻用奇兵切斷了敵軍的糧道。以後，敵人饑餓，在夜間來攻擊唐軍營盤，李孝恭還是堅守無動靜。第二天，李孝恭便指令老弱殘兵前往敵營門前挑戰，另外卻擺出騎兵陣用以阻擊敵人。過不多久，挑戰的部隊敗退，敵軍追擊，但遭到祖尚的部隊猛擊，輔公祏被打敗。趙郡王乘勝攻佔了敵軍左側陣地，輔公祏無路可逃，李孝恭的騎兵將他活捉。

禁邪去疑　至死無所從

人是萬物之靈，亦是戰爭的主宰者。

遠古時代，人類對自然界的認識與改造能力受侷限性，由此而產生的圖騰崇拜和神鬼觀念自然也摻雜到戰爭之中，傳說最早的占卜術就是應戰爭之命而產生的。

隨著社會的進步，發展，隨著人類認識自然、改造自然能力的增強，人的地位和主導思想作用，漸漸成為戰爭中的第一要素。

孫子是我國歷史上早期拋棄鬼神觀念，崇尚人的主導作用的偉大軍事家之一。

孫子認為：五行相生相剋，沒有固定不變的經常性，四季輪換更替也沒有不變的位置。日夜也有長短的變化，月亮也有陰晴圓缺。戰爭之中禁止占卜迷信，清除官兵的疑慮，他們致死也不會逃避。因隨人的變化而能取勝的人，才可以稱為神明，充分肯定了人在戰爭中的決定作用、主導作用。

難戰第八十七

遇上危險、災難，不要忘記自己的官兵

人們在生活中，常常會陷入一些很微妙且難以辨察原因的不如人意的狀況之中。決心做成某件事，精心策劃，創造了許多條件，時機也把握得較好，然事態就是難以向自己所希望的方向發展，最終還是弄砸了，浪費了金錢、時間與精力。

實際上，人生所面臨著的情況紛紜複雜，天下之大，無奇不有，而決定某件事成功或失敗的變量亦難以計數。

〔原 文〕

凡為將之道，要在甘苦共衆。如遇危險之地，不可捨衆而自全，不可臨難而苟免，護衛周旋，同其生死。如此，則三軍之士，豈忘己哉？法曰：見危難，毋忘其衆。

魏，曹操征孫權還，張遼、樂進、李典將七十餘萬頓合肥。操征張魯，教與護軍薛悌書，

題其函曰：「敵至乃發。」俄而，權帥衆圍合肥，乃發此教曰：「若孫權至，張、李將軍出戰，樂將軍守城護軍，勿與戰。」諸將皆疑。遼曰：「公遠征在外，乃敵至此，破我必矣，是以指教：及其未合，逆擊之，折其盛勢，以安衆心，然後可守也。勝負之機，在此一舉，諸君何疑。」李典意與遼同。於是，遼夜募敢從死士得八百人。椎牛享士，明日大戰。

平旦，遼披甲出戰，先登陷陣，殺賊數十人，斬二大將，呼自名衝陣至權麾下，權大驚。衆未知所以，走登高，權以長戟自守。遼叱權下，權不敢動。乃聚兵圍遼數重，遼左右突圍，直前急擊，圍解，遼將麾下數十人得出。餘衆呼號曰：「將軍其捨我耶？」遼復入圍，援出餘衆，權軍無敢當者。自旦至日中，吳人奪氣。遼修守備，衆乃安心悅服。權攻合肥。旬日，城不得下，乃退。遼帥將追擊，幾獲權。

〔譯　文〕

將領帶兵的方法，重要的是能與戰士同甘共苦。在處於危險境地時，不能只考慮到保全自己而不顧部下，不能面對危難而苟且偷生。必須盡力設法保護部屬，與他們同生死、共患難，如果能做到這些，全體官兵又怎麼能忘記自己的將領呢？兵法上說：遇上危險、災難，不要忘記自己的官兵。

三國時期的魏國，曹操伐擊孫權回來，張遼、東進、李典三人帶領七十多萬人馬駐紮在合肥。曹操要去征伐張魯，即將出發前交給護軍薛悌一封信，封面上寫著：「敵人到時再看。」過了不久，孫權親自帶兵來攻打合肥，張遼這時打開信，只見上面寫道：「如果孫權來了，張遼、李典二位將軍出戰，樂進將軍守城護營，不能出戰。」各位將領都感到疑惑不解。張遼說：「曹公遠征在外，考慮到敵人可能到這裡來會打敗我們，因此教導我們：在西軍沒有接戰前，就要正面攻擊他，挫敗他的銳氣，以便安定我們的軍心。而後才能防守，勝負之分，全都在此一舉，各位怎麼不能理解呢？」李典的意見與張遼一樣。張遼便連夜挑選敢死隊員八百人，殺牛斟酒慰勞他們，準備著明天大戰一場。

第二天早上，張遼披甲出戰，身先士卒衝進敵陣，殺了幾十人敵人，斬敵二員大將，大聲呼叫自己的名字，在敵陣中橫衝直撞，直到孫權的指揮旗下。孫權大為震驚，部下還沒有搞清楚是怎麼一回事，便紛紛登山而逃。孫權用長戟自衛，張遼大聲呵叱孫權，孫權嚇得不敢行動。吳軍把張遼包圍了好幾層。他左右衝突，向前奮勇猛擊，終於衝出了包圍圈，張遼的部下只有幾十人能夠衝出來，還沒有衝出的人大聲叫喊：「難道將軍要拋棄我們？」張遼又殺進重圍，救出部屬，吳軍無人敢阻擋。從早上殺到中午，吳軍的銳氣已被壓下去了。回城後，張遼又加緊了防備，所屬將士都心悅誠服。孫權圍攻合肥十天也不能攻下，於是下令撤退。張遼帶兵退擊，孫權幾乎被張遼捉住。

甘苦共眾　同其生死

孔子說：「領導者能為人表率，就是他不下命令，部下也會學著他的樣子去做；領導者的行為不正，即使發號施令，部下也不服從。」

孟子說：「君視臣為草芥，則臣視君主為仇寇。」

尉僚子認為：善於指揮作戰的人，必須把自己的模範行為作為激勵、教育部下的根本措施，如此，他指揮部隊則如同心臟指使四肢一樣自如。

將帥帶兵，在起居飲食上要與戰士打成一片，愛護戰士、尊重士兵，與戰士同甘共苦。在危難之中，不僅要同共苦，還須身先士卒。當敗勢將成，士兵有畏懼心理時，將帥身先士卒，奮勇當先，戰士必然跟著奮勇作戰。

「桃李不言，下自成蹊」，榜樣的力量是無窮的。我們既需要用綱領、宣言、決議、啟發、組織調動群眾，也需要領導者的身教、言教的示範作用，密切幹部與群眾關係，使群眾產生信任感、親切感，把精神力量變成巨大的物質力量。

易戰第八十八

善戰者，都是從容易取勝的地方開始

愛情生活的重要方面，在於以不易逝去的東西爲基礎，從而求得某種永恆的方面。

人的美色易失，人的財富易失，唯有人的品德常葆永恆。所以，擺脫了易逝易失方面的纏繞，則可獲得愛情與夫妻生活永恆的基礎。

〔原　文〕

凡攻戰之法，從易者始。敵若屯備數處，必有強弱衆寡。我可遠其強而攻其弱，避其衆而擊其寡，則無不勝。法曰：善戰者，勝於易勝者也。

《北史》周武帝伐齊之河陽，宇文弼曰：「河陽，要衝，精兵所聚，盡力攻圍，恐難得志，彼汾之曲，城小山平，攻之易拔。」武帝不納，終無成功。

〔譯　文〕

進攻作戰的方法，應該從攻擊弱者或容易取勝的地方開始。如果敵軍分幾處駐紮，必定有強弱、多少的分別，我們宜當避開強敵，攻擊弱敵，避開兵員多的，襲擊兵員少的，就能無往不勝。

兵法上說：善於指揮作戰的人，都是從容易取勝的地方開始。

根據《北史》記載：周武帝親自帶兵攻擊齊國的河陽（河南孟縣西），宇文弼說：「河陽是齊國的主要軍事基地，有精兵防守，即使我軍用全部力量打，可能也難以取勝，而齊國汾之曲地區，地方不大，山頭不高，很容易攻奪。」周武帝不採納他的建議，最終不能成功。

攻戰之法　從易者始

孫子認為：善於作戰的人，首先戰勝那些容易戰勝的敵人。這樣，他們取得勝利，是不會有差錯的。之所以不會有差錯，是因為他們的作戰策略建立在必勝的基礎上。所以能戰勝那些已處於失敗地位的敵人。

戰爭是一門複雜多變的系統工程，不是靠主觀臆斷就可決出勝敗的。不打無準備之仗，不打無把握之戰，是軍事學中的起碼常識。

大凡作戰，先擊敗弱小貪安的敵人，避開強大而鎮靜的敵人；先進攻疲憊困倦的敵人，避開訓練有素而行動快速的敵人；先進攻對我畏懼的敵人，避開自身謹慎的敵人。這是自古以來的作戰原則。

所以，作戰急功近利，反而欲速則不達。戰爭也極少有畢其功於一役的結局，一個戰役的勝利往往要經過反覆爭奪才能獲得。飯要一口一口地吃，仗要一仗一仗的打。先易後難，採用蠶食戰術，才是獲取勝利的策略。

發揮長處，避開短處，做力所能及之事，才是成功所在。

離戰第八十九

對團結和睦的敵人，想方設法離間他們

離間是歷代軍事家、政治家、外交家、商人等慣用的計謀。巧鼓舌簧，微言片語，造謠挑撥，就可以把人們搞得反目成仇，兩敗俱傷，自己則可收漁翁之利。

商場之中，離間計更是氾濫成災，奸商為謀取利益，不擇手段，令人防不勝防，從而使人們不得不深刻反省，從中吸取教訓。

〔原　文〕

凡與敵戰，可密候鄰國君臣交接有隙，乃遣諜者以間之，彼若猜貳，我以精兵乘之，必得所欲。法曰：親而離戰。

戰國，周赧王三十一年，燕王將樂毅並將秦、魏、韓、趙之師伐齊，破之，湣王出奔於

莒。燕軍聞齊王在莒，合兵攻之。楚將淖齒欲與燕將分齊地，乃執湣王數其罪而誅之。齊人殺淖齒，立太子法章，因堅守莒城、即墨，以拒燕，數月不下，樂毅並圍之，即墨大夫戰死，城中推田單為將軍。頃之，昭王薨，惠王立。初，惠王為太子時，與毅有隙。田單聞之，乃縱反間曰：「樂毅與燕新王有隙，畏誅，欲連兵於齊，齊人未附，故且緩攻即墨，以待其士。齊人惟恐他將來，即墨殘矣！」燕王以為然。乃使騎劫代毅，毅遂奔趙。燕將士由是不和。單乃詐以卒為神師而祀之，列火牛陣，大破燕軍。復齊七十餘城，迎襄王自莒入臨淄。

〔譯文〕

與敵國準備作戰，可以秘密等待他們的君臣做事時出現縫隙。如若有隙可乘，便派遣間諜去離間。如果敵國君臣之間互相猜疑，則乘機以精兵良將去攻伐，這樣，必定能取到自己預想的結果。

兵法上說：對於團結和睦的敵人就要想辦法離間他們。

戰國時代，周赧王三十一年（西元前二八四），燕國名將樂毅同時統領燕、秦、魏、韓、趙五國的軍隊攻打齊國，齊國軍隊大敗。齊湣王逃到莒城（今山東）。燕軍聽說齊湣王在莒城，又集中兵力圍攻莒城。楚將淖齒想與燕國共同瓜分齊國土地，便歷數齊湣王的罪行，並殺了他。齊國人又殺了淖齒，立太子法章（齊襄王），並且堅守莒城與即墨，抗擊燕軍。即墨大夫戰死後，大家推選田單為大將軍。不久，昭王逝世，燕惠王即位。在惠王做太子時，與樂毅曾經有矛盾。田單知道這件事後，於是施用反間謀略時說：「樂毅與新燕王有矛盾，害怕被殺身，想聯盟齊國。齊軍還沒有歸附，所以他慢慢地攻打即墨，等待齊國官員從內部進攻。齊國人擔心他再來攻打即墨，這樣即墨就完了。」

燕王聽說後，認為確實如此，便命令騎劫代替樂毅為將領，樂毅便投奔趙國。趙國將士因此不和睦。田單用計謀讓一個戰士裝成神師，並行祭祀，布下火牛陣，燕軍大敗，齊國的七十多座城鎮收復了，把齊襄王從莒城接回臨淄。

君臣有隙　遣諜間之

姜太公說：「在同敵國作戰中，要注意發現它的奸佞之臣，等待敵人內部發生變故，以便控制、操縱敵國的人心向背。還要注意觀察敵國奸臣的意向，使其成為我所利用的間諜。」此乃離間之法。

將帥雖常以「將在外，君命有所不受」自慰，卻也因此君臣離心離德、反目成仇者比比皆是。所以，戰爭中善知兵機之人往往由此利用敵國君臣之間的矛盾大作文章，不損一兵一卒，兵不血刃，不戰而勝。孫子提出的「親而離三」，是指敵人內部團結，就要用計離間他們。離間之計是歷代兵家、政治家屢用不爽之計，無須投資，則可取一本萬利。

古代許多名將成名如此，身敗也如此。燕將樂毅則深受其害，從本文可以看出田單有奇計復國的能耐，樂毅有失兵權逃趙的可悲命運，從中可以看出離間計的巨大作用。離間之計往往是小人亂政弄權的掌中法寶。

西元前六三二年，晉文帝兵攻伐曹、衛，原想以此為宋國解圍。因為宋國已被楚國圍攻多時，曹國和衛國都是楚國的友好盟國，晉文公想，如果晉軍攻打曹、衛，楚國必然調解宋的軍隊相救。

可是，當晉軍攻下曹、衛後，楚國見二國已失，並不前來相救，而是加緊圍攻宋國。

宋成公非常著急，派門尹般再次到晉國乞請援救。臨行前，宋成公覺得空手求人不妥，便把國庫中所藏的寶玉重器造成冊籍，讓門尹般帶著獻給晉侯。門尹般來到晉營，向晉文公作了陳述。然而，在是否南下與楚交戰以解宋圍的問題上，晉文公還有些為難。這是因為，楚國與齊、秦的關係此時較好，晉國雖然與齊國有歃盂之盟，但是齊國並未出兵參戰幫助過晉國，秦國雖然也同晉國友好，但在當時抱的是觀望態度。

正在晉文公猶豫不定之時，晉中軍元帥先軫提出了一個離間楚與齊、秦關係的謀略。先軫對文公說：「我們不能要宋國的賄賂，可讓宋國使臣帶著珠寶冊籍分別去賄賂齊、秦，請齊、秦兩國出面調解，求楚國退兵。楚國必定不肯退兵，這樣，齊、秦與楚國有了隔閡，我們也就好行動了。我們把曹國國君扣留下來，再割取曹、衛兩國國土給宋國，那麼，楚國就會更加憎恨宋國。這樣，齊、秦再怎麼求情，楚軍也不會退去。而齊、秦接受了宋國的賄賂，楚要是不給他們面子，堅持不解宋圍，齊、秦就會對楚不滿，自然會與晉聯合，共同抗楚。」文公聽後聲稱妙。

於是，先軫讓門尹般把寶玉重器分作兩箱，轉獻給齊、秦兩國。同時把曹國國君囚禁起來，將曹、衛的土地分給宋國。齊、秦出面調解果然不成，由此都對楚國不滿。就這樣，晉用宋國給自己的一個「紅包」，離間了楚、齊、秦三個大國的關係，並把齊、秦兩個大國拉進了自己的陣線。

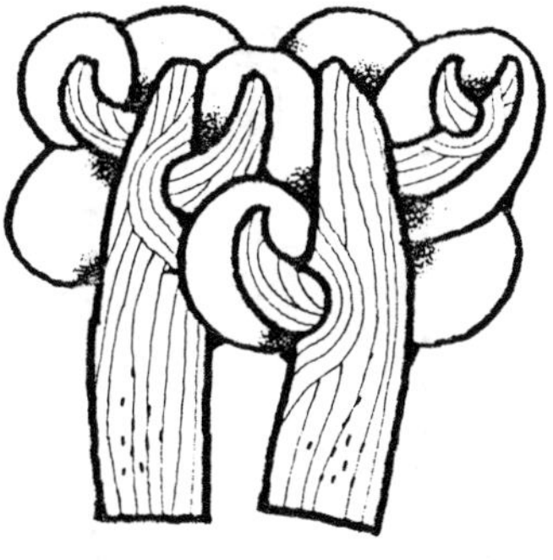

餌戰第九十

對敵人的餌兵不能理睬

有一份精力或錢財之「餌」的投入。

必渴盼著一分收穫，乃至幾倍以上的收穫。

投入最少的「餌」能獲得最大收益的結果，是人人夢寐以求的。

投入多少只能相應地產出多少，天上不會掉餡餅，地上亦不會噴葡萄酒。要想有所收穫，就要有所付出；要想有巨大收穫，必付巨大的代價。

〔原文〕

凡戰，所謂餌者，非謂兵者置於飲食，但以利誘之，皆為餌兵也。如交鋒之際，或乘牛馬，或委財物，或捨輜重，切不可取之，取之必敗。法曰：餌兵勿食。

漢獻帝建安五年，袁紹遣兵攻白馬，操擊破之。斬其將顏良，遂解白馬之圍，徙其民而西。紹追之軍至延津南，操駐兵紮營南坡下，令騎解鞍放馬。這時，白馬輜重就道，諸將以為敵騎多，不如還保營。荀攸曰：「此所謂餌兵，如之何，其去之？」紹騎將文丑與劉備將五六千騎前後至。諸將曰：「可上馬。」操曰：「未也。」有頃，騎至稍多。或曰：「分趨輜重。」操曰：「可矣！」乃皆上馬縱擊，大破之。

〔譯　文〕

凡是在作戰中，所謂的餌，不是說兵員直接將毒品之類放在飲食中，而是以利益及各種方法引誘敵人，都是為兵餌。例如，在交戰的時候，或是丟棄馬牛，或者拋棄財物，或是捨棄輜重，對這些之類的東西千萬不能拾收，拾取必定會失敗。兵法上說：對待敵方的餌兵不能理睬。

東漢獻帝建安五年間，袁紹命令部隊攻白馬城（今河南滑縣東），曹操打敗了袁紹的部隊，斬殺了袁軍將領顏良，解除了白馬之圍。曹操命令白馬城的百姓往西部轉移，袁紹領兵追趕。袁軍到達延津河南岸之時，曹操正在南坡山下紮營屯兵，並讓騎兵卸鞍放牧。當時從白馬城運來的輜重也放置在路上。曹軍的將領們都認為袁軍騎兵足，還不如回去保護營盤。荀攸說：「這就是所謂的餌兵，怎麼能走呢？」袁紹的騎兵將領文丑與劉備帶領五六千人馬先後趕到。曹操的將領問道：「可以上馬吧？」曹操說：「還沒有到時候。」過了一會，袁軍的騎兵到得比較多了，有人問：「可以分兵攻擊敵人的輜重隊伍吧？」曹操說：「現在可以攻擊。」眾位將領們便上馬攻擊，袁軍大敗。

以利誘之　皆爲餌兵

「將欲取之，必先予之」這是得勝之道。而戰爭的全部原因歸納起來則是「損人利己」。亦可以說：戰不為己，天誅地滅。

戰場上對方的一舉一動都在謀求削弱、消耗、殲滅敵方。所以，善於調動敵人的將帥，以假象迷惑對方，則敵人必聽從調動；予敵重利為誘餌，則敵人必然上鉤。

用重利打動敵人，用奇兵待機殲滅敵人，孫子告誡兵家「餌兵勿食」。就是說敵軍以重利作餌引惑我軍，千萬不要理睬它。而歷史上因貪利而失敗的戰倒舉不勝舉。曹操故意丟棄軍馬、輜重，就是想以利誘敵，而文丑只見利，卻不辨虛實、真假，犯了因小失大的大忌，落得個兵敗身死的下場。

同樣道理，就現實生活而言，許多人只圖小利，不計後果，見利忘義，落得個抱憾終生的後果。商戰之中，狡詐的商人往往以小利，引貪利者上鉤，從而使貪利者囊空如洗，大敗而歸。

疑戰第九十一

疑似之跡，不可不察

疑似之跡，不可不察。使人大迷惑的是二者相似。玉匠怕的是貌似玉的頑石，鑒別刀劍怕的是貌似名劍之贋品，賢明領導者引以為患的是見多識廣、能言善辯、貌似學問通達的人才。任人之道，要在不疑。寧可艱於擇人，不可輕任而不信。

〔原　文〕

凡與敵對壘，我欲襲敵，須叢聚草木，多張旗幟，以為人屯。使敵備東而擊其西，則必勝。或我欲退，偽為虛陣，設留而退，敵必不敢追我。法曰：衆草多障者，疑也。

《北史》周武帝東討，以宇文憲為前鋒守雀鼠谷，帝親臨圍晉州，齊王聞晉州被圍，亦自來援。時陳王純屯千里徑，大將軍永昌公椿屯雞栖原，大將軍宇文盛守汾水關，並受憲節度。

憲密謂椿曰：「兵者，詭道。汝今為營，不須張幕，可伐柏為庵，示有處所。兵去之後，賊猶致疑。」時齊王分兵向千里徑，又遣衆出汾水關，自帥大軍與椿對。椿告齊兵急，憲自往救之。會軍敗，齊追還師，夜引還，齊人果以柏庵為帳幕之備，遂不敢進。翌日始悟。

〔譯　文〕

同敵人對壘的過程中，我軍要想襲擊敵人，必須在草木、雜叢之中多設置一些旗幟，使人們認為這裡面駐紮著部隊，用這些來迷惑敵人，致使敵人防備東面而我攻擊西面。這樣就能取勝，或者是我想撤退時，偽設假陣，偽裝留下實際撤退而走，這樣敵人必定不敢追擊我。兵法上說：在雜草叢林中多設置障礙，用來迷惑敵人。

根據《北史》中記載：北周武帝東征，以宇文憲為先鋒，防守雀鼠谷（今山西介休至靈石以西汾河谷）。武帝親自統兵圍困晉州，齊王聽說晉州受圍，也親自來援救。當時陳王宇文純駐紮千里徑，大將軍永昌公椿駐紮雞棲原，大將軍宇文盛護守汾水關，並授宇文憲為節度使。宇文憲秘密地對永昌公椿說：「用兵是一種詭詐行為，你如今設營，不必張開營幕，可以砍伐一些柏樹搭成小屋，顯示出這裡駐紮著部隊。等到部隊離開以後，敵人來到這裡還會帶著疑慮。」當時，北齊王高緯分兵向千里徑進擊，又派遣部隊往西邊進攻汾水關，並親自率領大軍迎戰永昌公椿。椿報告齊兵的來勢凶猛，宇文憲帶兵前往救援。兩軍會合仍然戰敗，北齊兵追趕過來，北周部隊只好連夜撤退。北齊軍在追趕過程中把柏樹搭成的小屋當成北周軍的營盤，所以不敢前進。到了第二天才明白上當。

多張旗幟　僞爲虛陣

疑戰是兵法中十分普遍使用的戰術。在草木叢生的地帶多設旗幟，使人覺得這裡有駐軍，用以迷惑敵人，以達到聲東擊西的目的。如果我軍想撤退，便偽裝設陣，假裝留下實際退走。

用疑戰的目的在於虛設假象，迷惑敵方，使敵人無法了解我軍的虛實，無法摸清我軍的真實意圖，不知我軍的具體動態，從而有效地牽制敵人，獲取勝利，所以《兵經百篇・智部・疑》說：「用兵是一種詭詐的行為，對許多情況必須加以懷疑考慮，但毫無根據的懷疑一定會導致失敗。」

利用疑戰必須借助於自然地理環境，本文中北周軍利用虛設的草木屏障騙取了北齊軍，就是疑戰中的一典型例子。而「風聲鶴唳，草木皆兵」則從另一個側面反應出草木、風聲之類在戰爭中得到了合理運用。

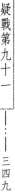

窮戰第九十二

窮寇莫追 物極必反

貧窮並不是可怕之事，可怕的是貧窮而又拋棄了青雲之志。貧窮也並非不是好事，窮則思變，一窮二白，自當奮發圖强，積極直追。用貧窮來試探士人之心，是造物主的用心所在。貧窮而能安守並以此爲樂，可謂君子。貧窮也不改變意志的人，可稱大丈夫。

〔原 文〕

凡戰，如我衆敵寡，彼必畏我軍勢，不戰而遁。切勿追之，蓋物極則反也。宜整兵緩追，則勝。法曰：窮寇勿追。

漢，趙充國討零羌，兵至羌虜所在。羌久屯聚懈馳，望見大軍。棄輜重，渡湟水。道隘狹，充國徐行驅之。或曰：「逐利行遲。」充國曰：「此窮寇不可追也，緩之則走不顧，急之則還死戰。」諸校曰：「善。」羌遂赴水溺死者數百，餘皆奔潰。

〔譯　文〕

在戰鬥中，如果我方力量強大，敵方力量弱小，敵人必然畏懼我軍的聲勢不戰而逃走，對待這樣的敵人不可急速追趕，因物極必反的道理，如果窮追不放必然對我方產生不利的後果。宜當整頓部隊慢慢追擊，這樣才能取勝。

兵法上說：窮寇不能追擊。

漢代時期，趙充國征討先零羌，部隊到了羌人的駐地，由於羌軍久駐一地，部隊鬆懈，看到漢軍的勢力強大，便拋棄輜重，渡越湟水奔逃。由於山路狹窄險惡，趙充國率軍慢慢地追趕。有人說：「如今追趕敵人很有利，可是我們的行動太緩慢了。」趙充國說：「敵人已是窮寇，不能緊追不放，太慢了追不上，太緊了又促使敵人死戰。」軍官們都說：「您說得對。」羌兵在漢軍的追擊下渡水逃竄，淹死的有幾百人，其它的人潰敗散逃。

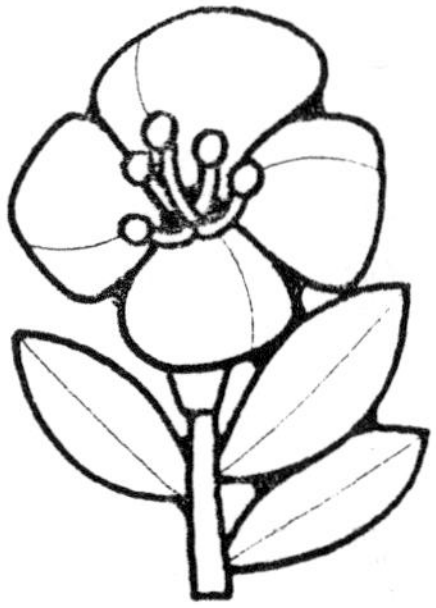

不戰而遁　整兵緩追

孫子的「窮寇勿追」是指對陷入絕境的敵人，不可窮追猛打，以免其做垂死掙扎。劉伯溫則認為窮寇可以追擊，但不能逼迫，讓他成驚弓之鳥，慢慢拖垮。

否極泰來，物極必反，是事物發展的自然規律，戰爭亦是如此。

打敗敵人是我軍所求的目的，如果不是具備徹底殲滅敵人的條件，僅憑自己的主觀願望對敵猛擊猛打，企圖趕盡殺絕，就有兩敗俱傷的可能，則不為兵家所取。優秀的將領都深知，戰爭的勝負優劣轉換，常常發生在一逃一追、一攻一守之間。追之過猛，操之過急，求之過切，必致敵於死地，兵法說：「置之死地而後生」，戰局又會朝反方向發展，當局者雖料所不及，卻又是情理之中的事。

但是，對待潰不成軍、四處奔散，毫無戰鬥力的敵軍，就應乘熱打鐵，窮追猛打，一氣呵成，以達到全殲敵人的目的。

風戰第九十三

順風就乘勢而去，逆風就嚴陣以待

貧窮人家經常把地打掃得乾乾淨淨，窮人家女人經常把頭梳得乾乾淨淨，擺設和穿著雖談不上豪華艷麗，卻能保持一種高雅脫俗的風範。

上天對人的命運支配很難預料，有時先使人陷入窘境，然後又讓人春風得意。有時讓人先得意一番之後又讓人遭受挫折。一個胸懷寬宏忠厚之人，好比溫暖的春風化育萬物，能給一切具有生命之物帶來生機。

〔原　文〕

凡與敵戰，若遇風順，致勢而擊之；或遇風逆，出其不意而搗之，則無有不勝。法曰：風順致勢而從之，風逆堅陣以待之。

《五代史》：晉都排陣招討使符彥卿等與契丹戰於陽城，為敵所圍。而軍中無水，穿井輒崩。又東北風大起，敵順風縱火，揚塵以助其勢。軍士皆憤怒大呼曰：「都招討何以用兵？令士卒枉死。」諸將請戰。杜威曰：「候風稍緩，徐觀可否？」李守貞曰：「風沙之內，彼衆我寡，莫測多少，但力戰者勝，此正風力助我也。」呼曰：「諸軍齊擊賊！」符彥卿召諸將問計，或曰：「敵得風勢，宜待風回。」彥卿亦以為然。右廂副使樂元福曰：「今軍饑渴已甚，待風回，吾屬皆為敵有矣。且敵謂我軍不能逆風以戰，宜出其不意，急擊之，此詭道也。」符彥卿等乃將精騎，奮力擊之，逐北三十餘里。契丹主奚車走十餘里，追兵擊之；得一橐駝，乘之遁去。晉軍乃定。

〔譯　文〕

在作戰的時候，如果遇上順風，可以乘著風勢進攻，如果遇上逆風，可以出其不意地攻破敵軍，這樣必能取勝。

兵法上說：順風就乘勢而擊，逆風就嚴陣以待。

《五代史》記載：晉都排陣招討使符彥卿等人，帶領部隊同契丹軍作戰，在陽城的戰鬥中被敵人圍困。軍隊中非常缺乏水源，挖井取水總是崩塌。有一天東北風刮得很大，契丹軍順風縱火，煙塵揚起以便助戰，晉軍戰士都憤怒地大聲說：「都招討是怎麼用兵的？讓我們枉死而去？」各路將領都請求出戰。杜威說：「等風勢稍減弱一點，再慢慢看能否出戰？」李守貞說：「在這樣大的風沙中，敵眾我寡，誰也不清楚我軍的實力，只要能苦戰，就能取勝，這時正是風勢幫助我們的大好時機。」於是他便大聲呼叫著說：「各路部隊都出擊迎敵。」符彥卿召集將領們商議，有人說：「如今敵人有風勢相助，應該等風向改變了再出擊。」符彥卿認為是這樣。右軍排陣副使樂元福說：「現在的軍隊饑渴難忍，等到風向改變時，我們早已當了俘虜。何況敵人以為我軍不會逆風迎戰，我們必須乘其不備，出其不意，迅猛出擊，這完全合乎用兵詭詐的原則。」符彥卿等人領著精兵，奮勇搏擊，把敵人打得大敗，又追擊了往北三十多里，契丹國王乘車逃了十多里，晉軍緊追不捨，契丹國王得到一匹駱駝，改乘駱駝奔逃，晉軍才停止了攻擊。

風順致勢　風逆堅陣

遇上順風，則乘風勢進擊；遇到逆風，則出其不意地搗毀敵軍。

風，是自然界中一種天氣的現象，在自然界中，對人們的生活具有一種較有影響的威懾力量。

冷兵器時代，作戰的直接性受空間侷限性，而氣侯狀況往往成為作戰勝負的重要影響。自然界中的四季更替、風霜雨雪並不以人的意志而改變，人們惟有去適應它、合理運用它。

風在自然界中普遍存在，決定了它對戰爭的重要性，歷代無數次戰役中，都與風相涉，借風施行火攻之戰更是舉不勝舉，而火攻戰，絕離不開風勢的條件相助，這樣的威勢不是人力可阻的。

近代軍事上，不僅陸軍依傳統戰法對風戰具有一定的作戰之術，空軍與海軍對風的要求條件更重要、更嚴格、更苛刻。

元至正二十年五月，陳友諒率軍沿長江東下，直撲金陵，兵勢洶湧。朱元璋趕忙商議對策。剛來不久的劉基仔細地分析了敵勢，決心為朱元璋設計一個誘敵深入的步驟，結果朱元璋的軍隊取得了大勝利。

但朱元璋對陳友諒與張士誠的合力打擊深有所慮。害怕他們共同聯合來對付自己，劉基叫朱元璋放心，他已成竹在胸早有安排了。首先集中精力對付陳友諒。

元至正二十三年七月，雙方在鄱陽湖展開大戰，陳友諒調集六十萬大軍和多艘鐵櫓大戰船，兵力上佔了優勢。劉伯溫認為只有火攻最能見效。火攻必需有風助，且一定要是東北風。劉伯溫算定傍晚時分有一陣東北風正好利用。命人從速準備乾柴、蘆葦、火藥、硫磺等物，裝滿七隻小船，傍晚時分果然東北風起。

朱元璋一聲令下，小船如離弦之箭，衝向敵船，接近敵船之際小船開始燃燒，敵船紛紛著火，火勢越燒越大，陳友諒倉惶而逃。劉伯溫已伏兵在此，陳友諒被當場射死。不久「劉伯溫巧借東北風」很快流傳開來。最後朱元璋勢力越來越大，很快就登上了皇帝寶座。

雪戰第九十四

雨雪不停，就派部隊偷襲敵人

一個人胸襟狹隘斤斤計較，則好比寒冷凝固的冰雪，卻給一切有生命的東西帶來殺氣。

像春風一般消除冰天雪地的冬寒，像溫暖的氣流一般使冰雪完全融化，如此充滿一團和氣的家庭則是模範之家。

在雪花飄落的月夜，天地間一片銀色世界，這時，人們的心情也會隨著清朗明澈。

〔原　文〕

凡與敵相攻，或雨雪不止，覘敵無備，可潛兵擊之。其勢可破。法曰：攻其所不戒。

唐遣唐、鄧節度使李愬討吳元濟。先是愬遣將將千餘騎巡平青陵城，遇賊將丁士良，與戰，擒之。士良，乃元濟驍將，常為東邊患，衆請刳其心，愬許之。士良無懼色，遂命解其縛，士良請盡死以報其德，愬署為捉生將。

士良言於愬曰：「吳秀琳據文城柵，為賊左臂，官軍不敢近者，有陳光洽為主謀也。然光洽勇而輕，好自出戰，請為擒之，則秀琳自降矣。」鐵文及光洽被執，秀琳果降。愬延光洽問計，光洽答曰：「將軍必欲破賊，非得李祐不可。」祐，賊健將也，有勇略，守興橋柵，每戰常輕官軍。時祐率衆割麥於野，愬遣史用誠以壯士三百伏林中，秀琳擒之以歸，將士爭請殺之，愬獨待以客禮，時復與語，諸將不悅。愬力不能獨完，乃械祐送之京師，先密表曰：「若殺祐，則無成功。」

詔以祐還愬，愬見祐大喜，署為兵馬使，令佩刀出入帳中，始定破蔡之計。令祐突騎三千為前鋒，李忠義副之，愬以監軍將三千為中軍，李進誠以三千殿為右軍。令曰：「但東行。」六十里，夜至張柴村，盡殺其戍卒，敕士少休，令士卒食乾糧，整羈靮、鞍鎧、弓刀。時大雪，旗旆折裂，人馬凍死者相望，人人自謂必死。諸校請所之，愬曰：「入蔡州取吳濟。」衆皆失色，相泣曰：「果落李祐奸計。」然畏愬，莫敢違。夜半，雪愈盛。分輕兵斷賊郎山之援；又斷洄曲及諸道橋樑，行七十里至懸瓠城，城旁皆鵝鶩池，愬擊之以亂聲。初，蔡人拒命，官軍三十餘年不能至其城下，故蔡人皆無為備。祐等坎城先登，衆從之。殺守門者，而留擊析者，納其衆城中，雞鳴雪止，遂執元濟，監送京師，而淮西悉平。

〔譯　文〕

與敵人相互攻擊時，如果雨雪不停止，並偵察清楚了敵人沒有防備，就可以派遣部隊偷偷地襲擊敵人，這樣就能擊破敵人。兵法上說：攻擊敵人沒有防備之處。

唐朝派唐、鄧二州的節度使李愬去征伐吳元濟。李愬首先派出將領帶著一千多名騎兵巡邏，正碰上敵將丁士良，雙方交戰，丁士良被擒獲，丁士良又是吳元濟身邊的猛將，經常在李愬東部境界上做害，因此，大家要求把他挖心剖腹，李愬也同意了。丁士良一點也不害怕，李愬便下令為他鬆綁，丁士良表示要誓死報答李愬的恩德，李愬便封他為捉生將。

丁士良對李愬說：「吳秀琳防守文城柵，這是吳元濟的左部屏障，朝廷軍隊之所以不敢接近他，因為有陳光洽為他出謀劃策。但陳光洽雖勇敢卻輕率，而且愛好親自出戰，請允許我把陳光洽擒來，這樣吳秀琳必然會投降的。」鐵文與陳光洽被俘後，吳秀琳果真投降了。李愬便向陳光洽討教策略，陳光洽回答說：「如果您一定要消滅吳元濟，一定要得到李祐的幫助才行。」李祐是吳元濟屬下的健將，有勇有謀，把守著興橋柵，每次作戰都很輕視朝廷官兵。當時李祐正帶領部隊在田野中收割小麥，李愬命令史用誠帶領三百精兵埋伏在叢林中，吳秀琳便把李祐活捉而歸，將士們都要求把他殺死，李愬把他以賓客相待，並時時同他交談，李愬的部屬大不高興，李愬明白僅憑自己的力量不能保全李祐，便用囚車把他送到京都，並事先秘密向皇上申奏說：「如果殺了李祐，討伐吳元濟的事就難以成功。」

皇上下詔書把李祐歸交給李愬，李愬看到李祐回來了十分高興，任命他為兵馬使，特允許他佩刀出入營帳，這時便定下攻打蔡州的計劃。李愬命令李祐帶領三千人馬為中軍，李進誠帶領三千兵員擔任後衛，並發布命令「只管朝東方前進」。行軍六十里，晚上到了張柴村，殺死了那裡的守軍，命令部隊稍作休息，讓士兵們吃飽乾糧，整理馬籠頭，馬繮繩，馬鞍、鎧甲，馬槍弓箭。這時正遇上下大雪，旌旗被風撕破了，凍死的人馬隨處可見，人們以為必死無疑，將領們詢問要去什麼地方，李愬說：「去蔡州，活捉吳元濟。」大家聽後大驚失色，相對哭泣說：「我們果然中了李祐的奸計。」由於害怕李愬，又沒有人敢違抗命令。

到了半夜，雪越下越大。李愬便派出一支輕裝隊伍切斷郎山援軍的道路，再斷截了通向洄曲以及其它幾條道路的橋樑，行軍七十里，到了懸瓠城。城邊是一片鵝鴨池塘，李愬便指使部隊趕打鵝鴨發出叫聲，以便掩護軍事行動。從開始蔡州抗拒朝廷到現在，唐軍已有三十多年不敢到蔡州城下來。所以蔡州人毫無防備。李祐等人首先攀上城牆、登上城樓，戰士們跟隨在後。殺光了守門的軍隊，僅留下打更報時的人，將大隊人馬開進城中。雞鳴時雪停了，吳元濟被活捉，而後用囚車押往京都，淮西也徹底平定了。

雨雪不止　攻敵不戒

古代作戰，受氣候條件的影響很大，雨雪過大，戰爭就難以向縱深發展，軍事計劃就受阻礙。如果雨雪不停，敵人必然放鬆戒備，我軍則可以派兵偷襲，敵營可破。

從唐代李愬雪夜襲蔡州的情況可以看出，李愬精通兵法，善於利用大雪這一自然條件，善於根據士兵的心理狀態，利用氣候、地形等條件對士兵的心理影響，做了很多細緻的工作，確保了戰鬥力的發揮。這就是孫子所說的「投之亡地而後存，陷之死地而後生。」

在風雪交加、天寒地凍之夜，讓士兵從「不虞之道，攻其所不戒」，最後一舉成功。從這裡，可以看出因勢利導，因情、因勢用兵，把兵法與地理條件、自然環境相結合的靈活戰術，對實戰有著重要作用。

養戰第九十五

士氣旺盛就激勵他們再戰，士氣衰落就養精蓄銳

品德是才學才幹的主人，才學才幹則是品德的奴隸。一個人只有才學才幹卻沒有品德修養，等於一個家庭沒有主人而由奴僕當家似的。

不昧自己的良心，不作不盡人情之事，不過份浪費財物。

心境中沒有風波浪濤，隨處所見都是一片青山綠水的美景；只要本性保存善良德性，隨時都像魚游於水中，鳥飛在空中那樣自由快樂。

〔原文〕

凡與敵戰，若我軍曾經挫衄，須審察士卒之氣，氣盛則激勵再戰；氣衰則且養銳，待其可用而使之。法曰：謹養勿勞，併氣積力。

秦始皇問李信曰：「吾欲以荊，度用幾何人？」對曰：「不過二十萬人。」及問王翦，

曰：「非六十萬不可。」王曰：「王將軍老矣，何怯也！」乃命信及蒙恬將二十萬人伐荊。翦不用，遂謝命歸頻陽。信及蒙恬攻楚，大破之，及引兵西，與蒙恬會城文。荊人因隨之，三日不頓舍，大敗信軍，入兩壁，殺七都尉，信奔還。

王怒，自至頻陽見王翦，強起之。對曰：「老臣悖亂，大王必不得已用臣，非六十萬人不可。」王從之，翦遂將兵，王送至灞上。荊人聞之，悉兵以御翦，

翦堅壁不戰，日休士卒洗沐，而善飲食撫循之，與士卒同甘苦。久之，問軍中戲乎？對曰：「方投石超距。」翦曰：「可用矣。」荊人既不得戰，乃引而東。翦追擊大破之。至蘄南，殺其將軍項燕，荊兵遂敗走，翦乘勝略定城邑。

〔譯　文〕

與敵人的戰鬥中，如果我方曾經被敵人挫敗，必須審察部隊的士氣，士氣強盛，就激勵他們再戰；士氣衰落，就暫且養精蓄銳，等到士氣旺盛時再利用他們作戰。兵法上說：謹慎地休整部隊不要讓他疲勞，養精蓄銳，積蓄力量，提高軍隊的戰鬥力。

秦始皇詢問李信說：「我想攻取楚國，你測度要多大兵力？」李信回答說：「二十萬人差不多了。」秦始皇又問王翦，王翦說：「非得六十萬不可。」秦始皇說：「王將軍老了，怎麼這樣膽小？」秦始皇便命令李信、蒙恬領導著二十萬人馬出征楚國。王翦不被重用，便推托有

病回到老家頻陽（陝西富平東北）。李信和蒙恬征討楚國，大敗楚軍，於是帶軍西行，與蒙恬在城文（河南保豐東）會師。楚國緊緊尾隨著秦軍，三天三夜沒有休息，結果李信的軍隊被打敗，楚軍攻破秦軍兩座營盤，殺了七名都尉，李信逃回秦國。

秦王大怒，親自到頻陽看望王翦，強求王翦帶兵伐楚。王翦說：「我已經老糊塗了，您如果非得利用我，就得給我六十萬人不可。」秦王答應了他的要求，王翦便帶軍出征，秦始皇親自送他到灞上。楚國得知王翦出征的信息，便出動全部兵力防備王翦的軍隊。

王翦固守陣營不與敵人作戰，每天讓部隊休息洗澡，供應好生活，並安慰他們，與戰士同甘共苦。日子長久了王翦便問軍隊是否作遊戲，回答說：「正在練習投石、跳遠。」王翦說：「這時的戰士們可以作戰。」

楚軍尋找不到機會同秦軍決戰，只好向東面撤退。王翦乘機追擊大敗楚軍。到了薪南，斬殺了楚國將領項燕，楚軍大敗逃跑，王翦乘勝佔領了楚國很多的城鎮。

謹養勿勞　併氣積力

作戰是否取勝，部隊的士氣，將士的體力是重要方面。人都是血肉之軀，有生勞病死、氣盛氣衰之別，部隊經過戰爭的疲勞，進行必要的修整、養戰是很有必要的。

「氣盛則激勵而戰，氣衰則且養氣。」善於用兵之人，貴在培養士氣，要培養士氣，貴在得士心。將領不能得士心，則不能得其力。不得其力，則士兵不能效死。所以將領對士兵，則須像父親愛兒子一樣，用禮義開導他們，與他們同甘共苦。士卒有疾病，親自看望，並慰問其家室，讓自己的家屬為士兵作縫補漿洗的活計，分擔軍隊的一些勞役。這些士兵就會赴湯蹈火，萬死不辭。

當然，勝兵之氣也不是一直充實的，敗兵之氣也不是始終空虛的。虛氣與實氣都取決於人心向背。對於這個道理，明智的將帥就能掌握。

畏戰第九十六

軍隊害怕打仗，就不能妄加誅殺

對於一個有高深道德修養的人，不可不持敬畏的態度，敬畏有道德、有名望的人，就不會有放縱安逸的想法。對於平民百姓也不可不持敬畏的態度，因為敬畏平民百姓，就不會有豪强蠻橫的惡名。遇到有權有勢蠻不講理的人，絕不畏懼，但遇到孤苦無依的人，卻具有同情救助之心。

〔原　文〕

凡與敵戰，軍中有畏怯者，鼓之不進，未聞金先退，須擇而殺之，以戒其衆。若軍中之士，人人皆懼，不可誅戮，須假之以顏色，示以不畏，說以利害，喻以不死，則衆心自安。法曰：執戮禁畏；大畏則勿殺戮，示之以顏色，告之以所生。

《南史》陳武帝討王僧辯，先召文章與謀。時僧辯婿杜龕據吳興，兵甚衆。武帝密令文章速還長安，立柵備之。龕遣將杜泰乘虛掩至。將士相視失色，帝言笑自若。部分益明，於是衆心乃定。

〔譯　文〕

凡是作戰中，如果軍隊中有害怕打仗的人，聽到鼓聲不進擊，沒有聽到鑼聲便撤退，必須找出一部分來把他們殺掉，以警戒其它的人們。如果部隊中都害怕打仗，就不能妄加誅殺。必須依靠嚴厲的命令，培養他們的膽略，對他們說明利害關係，使他們明白不怕死的道理。如此，大家的心必然能安定下來。

兵法上說：以殺戮來禁止畏怯，如若部隊都有畏怯情況，就不能用殺戮來懲罰禁止的，必須有嚴格的命令，告訴他們怎樣才能生還的道理。

《南史》記載：陳武帝攻打王僧辯時，首先召見文章商議。當時王僧辯的女婿杜龕守備著吳興，軍隊人員很多。陳武帝秘密命令文章迅速返回長安，設立鐵柵欄防守。杜龕命令部將杜泰乘虛偷襲，陳軍部隊都大驚失色，只有陳武帝談笑自如。等到防備部隊漸漸來到，將士們認清了形勢之後，部隊的心才安定下來。

示之顏色　告之所生

貪生怕死，是人的本能。求生是無條件的，求死是有條件的。戰爭絕不能因其慘烈而泯滅人的求生欲望。因此，戰場上出現逃跑與投降的事也是常事。

將帥治軍應嚴格把握好分寸，在戰場上不服從指揮，不聽從命令的，一定要挑出來殺掉，殺雞儆猴，以此告戒所有將士，如果軍隊中人人都害怕戰爭，就不能用這種方法去殺人。要拿出一副泰然自若，觸驚不變的神態穩定軍心，顯示自己處於危境而無所畏懼，把利害關係告訴他們，如果濫殺無辜，可能引起三軍嘩變。

孫子說：「戰士的心理狀態是：陷入包圍就會竭力抵抗，形勢逼迫就會奮勇拼鬥，處於絕境就會聽從指揮。」明白戰士的這樣作戰心理，將領就會利用有利的外因來掌握、利用戰士的心理。

北周建德五年宇文忻看到北齊後主高緯沉於酒色，荒廢朝政，建議周武帝宇文邕興師伐齊。周武帝率軍攻克了晉州，又乘勝追擊直逼晉陽。

高緯接受晉州失敗教訓，周密布置了防務嚴陣以待周軍，這一次周武帝吃了敗仗，心灰意冷，想休兵設謀，再圖進取。宇文忻果決地說：「勝敗是兵家常事，豈能因一時失利，盡棄前功，豈不可惜！」一席話堅定了武帝重新開戰的信心。

第二天，武帝按宇文忻的策劃前去挑戰。兩軍交鋒，周軍仍處於不利地位，觀戰的市民也在軍中迷惑敵人。武帝趁機大喊：「齊軍失敗，衝啊！」周軍士氣大振，齊力奮擊，齊軍敗亂逃散，潰不成軍。與此同時，宇文忻率領的五千勇士與晉陽守敵也展開了激烈搏戰。很快就攻進了晉陽。

書戰第九十七

與家中通信，則使戰士產生害怕心理

人們只懂得讀有文字的書，卻不知道研究大自然這本無形無字的書。只知道動用有形跡的事物，卻不知道領悟無形的神韻，這種庸俗之人，怎麼能理解學問的真正天機呢？

一個真正明白讀書的人，則可讀到心領神會，理解書中的樂趣、精髓，才不至於只會背誦文章，受語言的拘泥。

〔原　文〕

凡與敵戰對壘，不可令軍士通家書，親戚往來，恐語言不一，衆心疑惑。法曰：信問通，則心有所恐；親戚往來，則心有所戀。

蜀將關羽屯江陵，吳以呂蒙代魯肅屯陸口。蒙初至，外倍修恩德，與羽厚結好。後蒙襲收公安、南郡，而蜀將皆降於蒙，蒙入據城，得羽及將士家屬，皆撫慰，令軍卒不得干歷人家，有所取求。蒙麾下士，與蒙同汝南人，取民一笠，以覆官鎧，雖公，蒙猶以為犯軍令，不可以鄉里故廢漢，乃泣而斬之。於是，軍中震栗，道不拾遺。蒙旦暮使親近存恤耆老，問所不足，疾病者給醫藥，饑寒者與衣糧。羽還，在道路，每使人相問，蒙輒厚遇之，周游城中，家家致問。羽人還，私相參問，咸賀家門無恙，相待過於平時，故羽士卒無鬥志。會權又至，羽西走之，鄉衆皆降。

〔譯　文〕

在同敵人對峙時，不允許戰士與家人通信、與親戚來往，擔心說法不一致，引起軍心猜疑。兵法上說：與家中通信，會引起戰士產生害怕心理，會使戰士產生戀鄉的情緒。

蜀國大將關羽防守江陵，吳國派呂蒙代替魯肅守衛陸口（湖北嘉魚西）。呂蒙剛到陸口時，外表上加倍廣施恩惠，同關羽表示友好往來。到後來，他在偷取公安、南郡各地時，兩處的蜀國將領都投降了呂蒙。呂蒙便駐紮到公安、南郡，俘獲了關羽及將士們的家屬，並對他們進行安撫慰問，命令部隊不準干擾百姓、搶奪財物。

呂蒙手下一名士兵，與他同是汝南人，拿了百姓一頂鬥笠，用來遮蓋部隊的鎧甲，雖是為了公事，呂蒙還是認為他違犯了軍令，不可以為同鄉便廢棄軍法，流淚而斬殺了他。這樣在軍中引起很大震動，在路途中有遺失的物件也沒有人敢拾取。呂蒙每天都派親信去慰問安撫老人，詢問他們有什麼困難，對有病的送醫藥，對饑寒的發衣食。關羽在撤軍途中，多次派人打聽消息，呂蒙都是厚禮相待，讓他們在城內行動自由，任憑他們到各家去走訪。關羽派來的人回去後，官兵們都私下來詢問情況，慶幸自家未遭到不幸的事，甚至得到了比從前還要好的待遇，所以關羽的部隊則毫無鬥志，正在這時孫權率軍到來，關羽便往西邊逃跑，他的部隊大部分都投降了吳軍。

敵我對壘　莫通家書

戰爭是必須拋除一切私心雜念，拋棄七情六慾，一心向戰，奮勇殺敵，勇往直前的艱難之事。部隊無士氣，無戰爭的觀念，戰則必敗。這又涉及到軍隊紀律與軍事保密問題。

孫子認為：將領向部屬下達作戰任務，如果不說明其中的意圖，利用士兵，只說明有利的條件，不指出危險問題，只有這樣，才能保證作戰詭秘與靈活機動性，才能完成作戰任務。孫子論述作戰紀律則是：將領對於戰士，如果厚待而不能使用，溺愛而不教育，違法而不懲罰，則如同父母驕慣子女，是不能用來對敵作戰的。軍紀不嚴明，戰士的思想觀念、作戰觀念必然懈怠，懈怠就會出生二心，有二心就無鬥志。思妻念子，想念家鄉，叛心必生，如此軍情必泄露，敵人得到可靠情報，就會乘機攻擊。

關羽失誤之處就是沒有嚴密封鎖各種消息。而蜀軍中荊、襄人佔多數，與家中書信密切，思鄉之情嚴重，無心戀戰，未戰卻逃跑大半，這樣的部隊豈能作戰？

王莽篡政，劉秀為中興漢室，進入艱苦的政權爭奪之中，這需要軍事力量，同時需要人心與輿論的支持。因此，當他圍巨鹿、破邯鄲之後，不敢稍有疏忽，當發現收繳的敵方文件中有自己一邊官吏暗通敵人的書信，而且言語謗毀，數目巨大，他便採取了當眾焚燒的辦法，概不追究，讓寫信的人自安自愧，達到屬下忠心向業的目的。正因為他的謀略得當，最後終於揭開了東漢政權的第一頁。

政治家曹操對此心領神會，摹仿移用得維妙維肖。這一謀略，在後代不斷被拿來使用，明成祖朱棣就襲過前人這一故智。

事情發生在他掌握朝政大權後，從建文朝所存的奏章中挑選出有關治國內容的部分，全部燒毀；對啟奏官員，一律不予追究，並且明白為這些反對自己的人辯護道：「食其祿，思其事。既食建文朝俸祿，自然為這個政權想辦法。因此，對忠於建文朝的官員不能怪罪，而那幫引誘建文帝使他最後失敗的人，才是奸臣，才該痛恨。」

這就明白地告訴他的文武群臣，現在既食朱棣永樂朝俸祿，就該忠心耿耿為永樂朝出主意、想辦法，這才是「天經地義」的事，由此，達到了鞏固政權的目的。

好戰第九十八

用兵如同玩火，不收斂就有自焚的禍患

明知嗜好會帶來損失，卻不下決心戒除它。明明看到有益處的東西，卻不去努力學習它。沉溺於不良的嗜好中，最終喪失了自己的志向，這是人們的通病。惟好學問者，才有益於己。

〔原　文〕

夫兵者，兇器也；戰者，逆德也。實不獲已而用之。不可以國之大、民之衆，盡銳征伐，爭討不止，終至敗亡，悔無所追。然兵猶火也弗戢將有自焚之患。黷武窮兵，禍不旋踵。

法曰：國雖大，好戰必亡。

隋之煬帝，國非不大，民非不衆，嗜武好戰，日尋干戈，征伐不休。及事變，兵敗遼城，

禍起蕭牆，豈不為後世笑乎？吁，為人君者，可不愼哉！

〔譯　文〕

軍隊是最兇惡的利器，戰爭是違逆道德的行動，只有在迫不得已的情況下才使用。不能以為自己的國家博大，人民眾多，就能隨心所欲地發動戰爭，無休無止。如果這樣做，最終要失敗的，那時就追悔不及。然而用兵如同玩火，不收斂就有自焚的禍患。窮兵黷武，災禍就會接踵而來。

兵法上說：國家雖大，好戰必然敗亡。

隋朝煬帝時期，國家不是不大，人民不是不多，然而隋煬帝好戰嗜武，每天都要尋找干戈，以致於征戰不休。事變發生了，征戰的部隊在遼城大敗，宮廷內發生奪權事件，這難道不被後人所恥笑嗎？作為國君，確實應該引起重視。

窮兵黷武　禍不旋踵

窮兵黷武，就會使整個國家與民族陷入危亡，無數歷史事實都證明了這點。

《孫子兵法》開宗明義就說：「戰爭，是國家的大事，是軍民生死安危的主宰，是國家存亡的關鍵，是不得不認真謹慎對待的大事。」

而孫子本身並不贊成征戰殺戮。他在兵法中詳述了侵略戰爭的各種弊害，禍及政治、經濟、文化及百姓的日常生活，從而反映出他的反戰爭思想。

《明太祖寶訓》說：「國家興兵作戰，好比醫生看病用藥，儲備藥品是為了治病，不是病就不用藥，國家動蕩不安，用兵是為了平定禍亂。等到四方平定，只宜當修繕武器裝備，訓練士兵，使國家保持常備不懈。軍隊既能消除禍亂，也能招來是非，若依恃國富力強，好大喜功，挑起戰端，結下怨恨，開啟挑釁，恰恰足以招來禍亂。」

變戰第九十九

隨著敵情的變化而取勝，可稱為用兵如神

變是宇宙間最永恒不變的事。不管我們喜歡不喜歡，沒有一樣東西會停止不前，只會隨時光流逝，我們必須接受一切變化。

由於兩樣東西永遠不可能在同一空間同時並存，才會推陳出新，讓我們有機會成長。

如果我們學會欣然接受變化，從中求福，對眼前的種種困難與煩惱則可泰然處之。因為我們知道：這一切都會過去。

〔原　文〕

凡兵家之法，要在應變，好古知兵，舉動必先料敵，敵無變動，則待之；乘其有變，隨而應之，乃利。法曰：能因敵變化而取勝者，謂之神。

五代梁末，魏博兵亂，賀德倫降晉。莊宗入魏，梁將劉鄩乃軍於莘縣，增壘浚池，自莘至河，築甬道以輸餉。梁帝詔鄩出戰，曰：「嚴兵未易擊，候進取，苟得機便，豈敢坐滋患害？」帝遣使問鄩以決勝之策，對曰：「臣無奇謀，但人給十斛糧，盡乃破敵。」帝怒曰：「將軍留米將療饑耶？」又遣中使督戰。

鄩謂諸校曰：「大將專征，君命有所不受，臨敵制度，安可預謀。今揣彼自氣盛，難可輕克，諸君以為如何？」衆皆欲戰，鄩默然。乃復召諸將列軍門，人給河水一杯，因命飲之，衆未測其意，或飲或辭。鄩曰：「一杯之難若是，滔滔河流可盡乎？」衆皆失色。時莊宗兵壓鄩營，亦不出，帝又遣數人促之，鄩以萬人薄其營，俘獲其衆。少頃，晉兵繼至，鄩退復戰於故元城。莊宗與李嗣源、李存審夾擊，鄩兵大敗。

〔譯　文〕

作為軍事家來說，最重要的法則就是隨機應變，善於思謀。如果敵情沒有發生變化，就必須耐心地等待戰機；如果敵情發生了變化，就要隨著敵情的變化而採取相應的措施，這樣才能得大利。

兵法上說：能夠隨著敵情的變化而奪取勝利，可稱為用兵如神。

五代時期的梁代末年，魏博駐軍發動軍事叛亂，賀德倫投降晉國。晉王李存勖進駐魏州，後梁大將劉鄩守於莘縣（今山東境內），劉鄩增修營壘，疏通護城河，從莘縣到黃河修建了一條通道。以便於輸送糧草、物資。梁末帝朱友貞詔令劉鄩出戰。劉鄩說：「晉軍現在難以打敗，我正在等待進攻的時機，如果得到了有利之機，我怎麼敢錯過良機，養癰貽患呢？」梁末帝派遣使官來詢問劉鄩的取勝方法，劉鄩說：「我沒有什麼奇謀妙策，只要給我們每個人十斛糧食，等我們的糧食吃完了，敵人也就失敗了。」梁末帝憤怒地說：「將軍存留糧食難道是準備治饑餓的嗎？」於是派出宦官到劉鄩的部隊來督戰。

劉鄩對部將們說：「大將出征在外，皇上的指令有的可以不接受。對付敵人要能隨機應變，怎麼可以預先決定取勝的策略呢？以現在的情況看，敵人的士氣高昂，不能取勝。大家認為怎麼辦呢？」將領們都願意出戰，劉鄩見是這種情況，只好沉默不語。

有一天，劉鄩把各位將領召集到營門前，給每人一杯水，要他們喝下去，大家都猜不透劉鄩的意思，有的喝了，有的沒有喝。劉鄩說：「喝一杯水都難到這種程度，滔滔河水能喝盡嗎？」人們的面色大變。

正在這時李存勖的部隊已逼向劉鄩營門，劉還不出戰。梁末帝數次派人催他出戰，劉鄩只好帶一萬人攻擊敵人，且俘虜了很多敵人。不一會李存勖的援軍到了，劉鄩便撤退，在故元城雙方接戰，劉鄩遇到李存勖與李嗣源、李存審的合擊，劉鄩大敗。

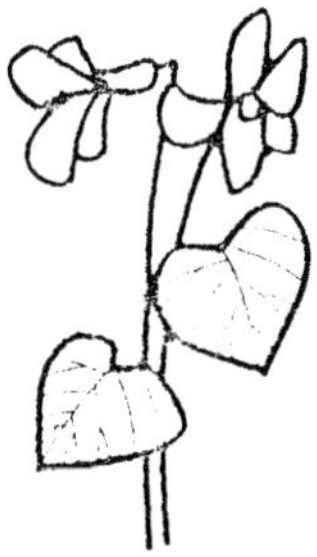

乘其有變　隨而應之

孫子說：「用兵作戰沒有固定不變的形式，好似水的流動不曾有一成不變的形態一樣，能根據情況變化而靈活機動取勝者，可以說是用兵如神。」

戰爭中的勝敗形勢，則取決於憑藉變化而尋求對方破綻，最後打敗敵手。以不變應萬變則可能屢試得手，就在於不變而沒有或少有破綻，不根據實際情況的常變是多有破綻。因此聰明的將領千方百計地尋求對方之變動。在變動中尋找出對方的漏洞，猛攻而破敵。

歷代兵家都根據上面所說的道理，經過認真策劃，從而分析敵人作戰計劃的優劣與利害；善於用挑釁行為刺激對方，從而摸清敵方的活動規律；通過假行動招示形態，從而測探敵方生死命脈的所在；通過小股部隊作戰，從而窺視敵人兵力部署的虛實情況。

如果處於劣勢的我方堅持一定的規律來應對敵方的千條妙計，即使箸方絞盡腦汁，費盡心機也難以摸清我軍的虛實情況，即使老謀深算的高手，也難以做出對策來。

忘戰第一百

天下雖很安寧，忘卻了戰爭則非常危險

大自然中花木茂盛，翠竹搖曳生姿，乳燕鳴鳩冬去春來凌空飛過，使人恍然理解到物我一體，物我兩忘。

人我本是一體，動靜亦是相互關聯，若不能自我忘懷，只是一味強調寧靜，又怎麼能達到真正安寧境界呢？

惟道德修養極高尚的人，才能混跡於世而不出現邪僻，順隨於眾人卻不忘卻自己的真性。

〔原　文〕

凡安不忘危，治不忘亂，聖人之深戒也。天下無事，不可廢武；慮有弗周，無以捍禦。必須內修文德，外嚴武備，懷柔遠人，戒不虞也。四時講武之禮，所以示國不忘戰；不忘戰者，

教民不離習兵也。法曰：天下雖安，忘戰必危。

唐玄宗時，承平日久，毀戈牧馬，罷將休兵，國不知備，民不知戰。及安史之亂，倉卒變生，生於不圖，文士不足以為將，市人不足以為戰。而神器幾危，舊物失守。吁，戰其可忘乎哉！

〔譯　文〕

居安不忘危難，大治之世不忘戰亂，這是聖人的深深告誡。天下太平時，不可廢棄軍事，如若思慮不全面，突然出現戰爭則不能防守。因此，一定要內修文德，外治軍隊，用仁德教化四方，軍事絲毫不鬆懈。一年四季都做軍事訓練，是表明國家沒有忘記戰爭。不忘戰爭，是為了教導人民不可廢棄習武的風俗。

兵法上說：天下雖很安寧，忘卻了戰爭則非常危險的。

唐玄宗李隆基時期，安寧的日子長久，刀槍毀壞，戰馬放牧，武將罷免，不使用軍隊。國家不知軍事，人民不懂戰爭。待到出現安史之亂的時候，由於事變來得突然，文官不會為將領兵出戰，百姓不懂臨敵作戰，致使國家差一點被滅亡，政權也差一點被斷送。從這些能看出，不可忘記軍事備戰。

安不忘危　治不忘亂

「天下雖安，忘戰必危」、「居安思危」，這是先賢一再告誡人們的警句。諸葛亮說：「居安而不思危，敵人進犯卻不知道害怕，則好比燕子築巢於門簾，魚兒戲水於鼎鍋，滅亡的時期就要來臨了。」

正因為如此，歷代領導人物都諄諄告誡後人要有居安思危的觀念。

孫子說：「善於用兵的將帥，是人民大眾生死存亡的掌握者，是國家安全危亡的主宰者。將帥是君主的得力助手，輔佐周密謹慎，國家就一定會強盛，輔佐怠惰、有缺陷，國家就必然衰弱。將帥的職責是保衛國家的安全、利益及領土的完整。」將帥一刻也不可忘戰，忘戰則忘本，忘戰則忘國。

「忘戰者亡」不僅是弱小民族與國家，在面臨戰爭直接威脅的時候需要高度重視，就是強大的國家，當一時看不到戰爭的威脅之時，也必須高度重視「居安思危」這個警句。

後記

古代兵書對今天的策劃、運營、工作以及競爭和人際交往等方面的實用都有啓迪作用。鑒此，我們精心選編了這套「神算大師」。

這套「神算大師」突出歷代著名國師（軍師）的神算、奇謀。國師是一手托起帝王霸業的神算高手，他們的兵法思想對今天各項大策劃、大運作、大社會交往都有獨到的借鑒。

參加這套「神算大師」的編輯、撰稿、校對的有任洪清、燕洪生、胡文飛、王明貴、殷美滿、李金水、楊攀勝、張喬生、桂紹海、汪珍珍等。

書中難免舛誤之處，仍希望讀者諸君繼續予以關愛和批評。謹此後記。

大展出版社有限公司
品冠文化出版社

圖書目錄

地址：台北市北投區(石牌)
致遠一路二段12巷1號
郵撥：0166955～1

電話：(02)28236031
28236033
傳真：(02)28272069

・法律專欄連載・大展編號 58

台大法學院　法律學系／策劃
法律服務社／編著

1.	別讓您的權利睡著了(1)	200 元
2.	別讓您的權利睡著了(2)	200 元

・武術特輯・大展編號 10

1.	陳式太極拳入門	馮志強編著	180 元
2.	武式太極拳	郝少如編著	200 元
3.	練功十八法入門	蕭京凌編著	120 元
4.	教門長拳	蕭京凌編著	150 元
5.	跆拳道	蕭京凌編譯	180 元
6.	正傳合氣道	程曉鈴譯	200 元
7.	圖解雙節棍	陳銘遠著	150 元
8.	格鬥空手道	鄭旭旭編著	200 元
9.	實用跆拳道	陳國榮編著	200 元
10.	武術初學指南	李文英、解守德編著	250 元
11.	泰國拳	陳國榮著	180 元
12.	中國式摔跤	黃　斌編著	180 元
13.	太極劍入門	李德印編著	180 元
14.	太極拳運動	運動司編	250 元
15.	太極拳譜	清・王宗岳等著	280 元
16.	散手初學	冷　峰編著	200 元
17.	南拳	朱瑞琪編著	180 元
18.	吳式太極劍	王培生著	200 元
19.	太極拳健身與技擊	王培生著	250 元
20.	秘傳武當八卦掌	狄兆龍著	250 元
21.	太極拳論譚	沈　壽著	250 元
22.	陳式太極拳技擊法	馬　虹著	250 元
23.	二十四式 三十二式 太極 拳 劍	闞桂香著	180 元
24.	楊式秘傳 129 式太極長拳	張楚全著	280 元
25.	楊式太極拳架詳解	林炳堯著	280 元

26.	華佗五禽劍	劉時榮著	180 元
27.	太極拳基礎講座：基本功與簡化 24 式	李德印著	250 元
28.	武式太極拳精華	薛乃印著	200 元
29.	陳式太極拳拳理闡微	馬　虹著	350 元
30.	陳式太極拳體用全書	馬　虹著	400 元
31.	張三豐太極拳	陳占奎著	200 元
32.	中國太極推手	張　山主編	300 元
33.	48 式太極拳入門	門惠豐編著	220 元
34.	太極拳奇人奇功	嚴翰秀編著	250 元
35.	心意門秘籍	李新民編著	220 元
36.	三才門乾坤戊己功	王培生編著	元
37.	武式太極劍精華 +VCD	薛乃印編著	元
38.	楊式太極拳	傅鐘文演述	元

・原地太極拳系列・大展編號 11

1.	原地綜合太極拳 24 式	胡啓賢創編	220 元
2.	原地活步太極拳 42 式	胡啓賢創編	200 元
3.	原地簡化太極拳 24 式	胡啓賢創編	200 元
4.	原地太極拳 12 式	胡啓賢創編	200 元

・道 學 文 化・大展編號 12

1.	道在養生：道教長壽術	郝　勤等著	250 元
2.	龍虎丹道：道教內丹術	郝　勤著	300 元
3.	天上人間：道教神仙譜系	黃德海著	250 元
4.	步罡踏斗：道教祭禮儀典	張澤洪著	250 元
5.	道醫窺秘：道教醫學康復術	王慶餘等著	250 元
6.	勸善成仙：道教生命倫理	李　剛著	250 元
7.	洞天福地：道教宮觀勝境	沙銘壽著	250 元
8.	青詞碧簫：道教文學藝術	楊光文等著	250 元
9.	沈博絕麗：道教格言精粹	朱耕發等著	250 元

・秘傳占卜系列・大展編號 14

1.	手相術	淺野八郎著	180 元
2.	人相術	淺野八郎著	180 元
3.	西洋占星術	淺野八郎著	180 元
4.	中國神奇占卜	淺野八郎著	150 元
5.	夢判斷	淺野八郎著	150 元
6.	前世、來世占卜	淺野八郎著	150 元
7.	法國式血型學	淺野八郎著	150 元
8.	靈感、符咒學	淺野八郎著	150 元

18. 生動的笑容表情術	趙薇妮著	160 元
19. 心曠神怡減肥法	川津祐介著	130 元
20. 內衣使妳更美麗	陳玄茹譯	130 元
21. 瑜伽美姿美容	黃靜香編著	180 元
22. 高雅女性裝扮學	陳珮玲譯	180 元
23. 蠶糞肌膚美顏法	梨秀子著	160 元
24. 認識妳的身體	李玉瓊譯	160 元
25. 產後恢復苗條體態	居理安・芙萊喬著	200 元
26. 正確護髮美容法	山崎伊久江著	180 元
27. 安琪拉美姿養生學	安琪拉蘭斯博瑞著	180 元
28. 女體性醫學剖析	增田豐著	220 元
29. 懷孕與生產剖析	岡部綾子著	180 元
30. 斷奶後的健康育兒	東城百合子著	220 元
31. 引出孩子幹勁的責罵藝術	多湖輝著	170 元
32. 培養孩子獨立的藝術	多湖輝著	170 元
33. 子宮肌瘤與卵巢囊腫	陳秀琳編著	180 元
34. 下半身減肥法	納他夏・史達賓著	180 元
35. 女性自然美容法	吳雅菁編著	180 元
36. 再也不發胖	池園悅太郎著	170 元
37. 生男生女控制術	中垣勝裕著	220 元
38. 使妳的肌膚更亮麗	楊　皓編著	170 元
39. 臉部輪廓變美	芝崎義夫著	180 元
40. 斑點、皺紋自己治療	高須克彌著	180 元
41. 面皰自己治療	伊藤雄康著	180 元
42. 隨心所欲瘦身冥想法	原久子著	180 元
43. 胎兒革命	鈴木丈織著	180 元
44. NS 磁氣平衡法塑造窈窕奇蹟	古屋和江著	180 元
45. 享瘦從腳開始	山田陽子著	180 元
46. 小改變瘦 4 公斤	宮本裕子著	180 元
47. 軟管減肥瘦身	高橋輝男著	180 元
48. 海藻精神秘美容法	劉名揚編著	180 元
49. 肌膚保養與脫毛	鈴木真理著	180 元
50. 10 天減肥 3 公斤	彤雲編輯組	180 元
51. 穿出自己的品味	西村玲子著	280 元
52. 小孩髮型設計	李芳黛譯	250 元

・青 春 天 地・大展編號 17

1. A 血型與星座	柯素娥編譯	160 元
2. B 血型與星座	柯素娥編譯	160 元
3. O 血型與星座	柯素娥編譯	160 元
4. AB 血型與星座	柯素娥編譯	120 元
5. 青春期性教室	呂貴嵐編譯	130 元
7. 難解數學破題	宋釗宜編譯	130 元

9. 小論文寫作秘訣 林顯茂編譯 120元
11. 中學生野外遊戲 熊谷康編著 120元
12. 恐怖極短篇 柯素娥編譯 130元
13. 恐怖夜話 小毛驢編譯 130元
14. 恐怖幽默短篇 小毛驢編譯 120元
15. 黑色幽默短篇 小毛驢編譯 120元
16. 靈異怪談 小毛驢編譯 130元
17. 錯覺遊戲 小毛驢編著 130元
18. 整人遊戲 小毛驢編著 150元
19. 有趣的超常識 柯素娥編譯 130元
20. 哦！原來如此 林慶旺編譯 130元
21. 趣味競賽100種 劉名揚編譯 120元
22. 數學謎題入門 宋釗宜編譯 150元
23. 數學謎題解析 宋釗宜編譯 150元
24. 透視男女心理 林慶旺編譯 120元
25. 少女情懷的自白 李桂蘭編譯 120元
26. 由兄弟姊妹看命運 李玉瓊編譯 130元
27. 趣味的科學魔術 林慶旺編譯 150元
28. 趣味的心理實驗室 李燕玲編譯 150元
29. 愛與性心理測驗 小毛驢編譯 130元
30. 刑案推理解謎 小毛驢編譯 180元
31. 偵探常識推理 小毛驢編譯 180元
32. 偵探常識解謎 小毛驢編譯 130元
33. 偵探推理遊戲 小毛驢編譯 180元
34. 趣味的超魔術 廖玉山編著 150元
35. 趣味的珍奇發明 柯素娥編著 150元
36. 登山用具與技巧 陳瑞菊編著 150元
37. 性的漫談 蘇燕謀編著 180元
38. 無的漫談 蘇燕謀編著 180元
39. 黑色漫談 蘇燕謀編著 180元
40. 白色漫談 蘇燕謀編著 180元

・健康天地・大展編號18

1. 壓力的預防與治療 柯素娥編譯 130元
2. 超科學氣的魔力 柯素娥編譯 130元
3. 尿療法治病的神奇 中尾良一著 130元
4. 鐵證如山的尿療法奇蹟 廖玉山譯 120元
5. 一日斷食健康法 葉慈容編譯 150元
6. 胃部強健法 陳炳崑譯 120元
7. 癌症早期檢查法 廖松濤譯 160元
8. 老人痴呆症防止法 柯素娥編譯 130元
9. 松葉汁健康飲料 陳麗芬編譯 130元
10. 揉肚臍健康法 永井秋夫著 150元

11. 過勞死、猝死的預防　卓秀貞編譯　130元
12. 高血壓治療與飲食　藤山順豐著　180元
13. 老人看護指南　柯素娥編譯　150元
14. 美容外科淺談　楊啓宏著　150元
15. 美容外科新境界　楊啓宏著　150元
16. 鹽是天然的醫生　西英司郎著　140元
17. 年輕十歲不是夢　梁瑞麟譯　200元
18. 茶料理治百病　桑野和民著　180元
19. 綠茶治病寶典　桑野和民著　150元
20. 杜仲茶養顏減肥法　西田博著　170元
21. 蜂膠驚人療效　瀨長良三郎著　180元
22. 蜂膠治百病　瀨長良三郎著　180元
23. 醫藥與生活　鄭炳全著　180元
24. 鈣長生寶典　落合敏著　180元
25. 大蒜長生寶典　木下繁太郎著　160元
26. 居家自我健康檢查　石川恭三著　160元
27. 永恆的健康人生　李秀鈴譯　200元
28. 大豆卵磷脂長生寶典　劉雪卿譯　150元
29. 芳香療法　梁艾琳譯　160元
30. 醋長生寶典　柯素娥譯　180元
31. 從星座透視健康　席拉・吉蒂斯著　180元
32. 愉悅自在保健學　野本二士夫著　160元
33. 裸睡健康法　丸山淳士等著　160元
34. 糖尿病預防與治療　藤山順豐著　180元
35. 維他命長生寶典　菅原明子著　180元
36. 維他命C新效果　鐘文訓編　150元
37. 手、腳病理按摩　堤芳朗著　160元
38. AIDS瞭解與預防　彼得塔歇爾著　180元
39. 甲殼質殼聚糖健康法　沈永嘉譯　160元
40. 神經痛預防與治療　木下真男著　160元
41. 室內身體鍛鍊法　陳炳崑編著　160元
42. 吃出健康藥膳　劉大器編著　180元
43. 自我指壓術　蘇燕謀編著　160元
44. 紅蘿蔔汁斷食療法　李玉瓊編著　150元
45. 洗心術健康秘法　竺翠萍編譯　170元
46. 枇杷葉健康療法　柯素娥編譯　180元
47. 抗衰血癒　楊啓宏著　180元
48. 與癌搏鬥記　逸見政孝著　180元
49. 冬蟲夏草長生寶典　高橋義博著　170元
50. 痔瘡・大腸疾病先端療法　宮島伸宜著　180元
51. 膠布治癒頑固慢性病　加瀨建造著　180元
52. 芝麻神奇健康法　小林貞作著　170元
53. 香煙能防止癡呆？　高田明和著　180元
54. 穀菜食治癌療法　佐藤成志著　180元

55. 貼藥健康法	松原英多著	180 元
56. 克服癌症調和道呼吸法	帶津良一著	180 元
57. B 型肝炎預防與治療	野村喜重郎著	180 元
58. 青春永駐養生導引術	早島正雄著	180 元
59. 改變呼吸法創造健康	原久子著	180 元
60. 荷爾蒙平衡養生秘訣	出村博著	180 元
61. 水美肌健康法	井戶勝富著	170 元
62. 認識食物掌握健康	廖梅珠編著	170 元
63. 痛風劇痛消除法	鈴木吉彥著	180 元
64. 酸莖菌驚人療效	上田明彥著	180 元
65. 大豆卵磷脂治現代病	神津健一著	200 元
66. 時辰療法—危險時刻凌晨 4 時	呂建強等著	180 元
67. 自然治癒力提升法	帶津良一著	180 元
68. 巧妙的氣保健法	藤平墨子著	180 元
69. 治癒 C 型肝炎	熊田博光著	180 元
70. 肝臟病預防與治療	劉名揚編著	180 元
71. 腰痛平衡療法	荒井政信著	180 元
72. 根治多汗症、狐臭	稻葉益巳著	220 元
73. 40 歲以後的骨質疏鬆症	沈永嘉譯	180 元
74. 認識中藥	松下一成著	180 元
75. 認識氣的科學	佐佐木茂美著	180 元
76. 我戰勝了癌症	安田伸著	180 元
77. 斑點是身心的危險信號	中野進著	180 元
78. 艾波拉病毒大震撼	玉川重德著	180 元
79. 重新還我黑髮	桑名隆一郎著	180 元
80. 身體節律與健康	林博史著	180 元
81. 生薑治萬病	石原結實著	180 元
82. 靈芝治百病	陳瑞東著	180 元
83. 木炭驚人的威力	大槻彰著	200 元
84. 認識活性氧	井土貴司著	180 元
85. 深海鮫治百病	廖玉山編著	180 元
86. 神奇的蜂王乳	井上丹治著	180 元
87. 卡拉 OK 健腦法	東潔著	180 元
88. 卡拉 OK 健康法	福田伴男著	180 元
89. 醫藥與生活	鄭炳全著	200 元
90. 洋蔥治百病	宮尾興平著	180 元
91. 年輕 10 歲快步健康法	石塚忠雄著	180 元
92. 石榴的驚人神效	岡本順子著	180 元
93. 飲料健康法	白鳥早奈英著	180 元
94. 健康棒體操	劉名揚編譯	180 元
95. 催眠健康法	蕭京凌編著	180 元
96. 鬱金（美王）治百病	水野修一著	180 元
97. 醫藥與生活	鄭炳全著	200 元

・實用女性學講座・大展編號 19

1. 解讀女性內心世界　島田一男著　150 元
2. 塑造成熟的女性　島田一男著　150 元
3. 女性整體裝扮學　黃靜香編著　180 元
4. 女性應對禮儀　黃靜香編著　180 元
5. 女性婚前必修　小野十傳著　200 元
6. 徹底瞭解女人　田口二州著　180 元
7. 拆穿女性謊言 88 招　島田一男著　200 元
8. 解讀女人心　島田一男著　200 元
9. 俘獲女性絕招　志賀貢著　200 元
10. 愛情的壓力解套　中村理英子著　200 元
11. 妳是人見人愛的女孩　廖松濤編著　200 元

・校園系列・大展編號 20

1. 讀書集中術　多湖輝著　180 元
2. 應考的訣竅　多湖輝著　150 元
3. 輕鬆讀書贏得聯考　多湖輝著　150 元
4. 讀書記憶秘訣　多湖輝著　180 元
5. 視力恢復！超速讀術　江錦雲譯　180 元
6. 讀書 36 計　黃柏松編著　180 元
7. 驚人的速讀術　鐘文訓編著　170 元
8. 學生課業輔導良方　多湖輝著　180 元
9. 超速讀超記憶法　廖松濤編著　180 元
10. 速算解題技巧　宋釗宜編著　200 元
11. 看圖學英文　陳炳崑編著　200 元
12. 讓孩子最喜歡數學　沈永嘉譯　180 元
13. 催眠記憶術　林碧清譯　180 元
14. 催眠速讀術　林碧清譯　180 元
15. 數學式思考學習法　劉淑錦譯　200 元
16. 考試憑要領　劉孝暉著　180 元
17. 事半功倍讀書法　王毅希著　200 元
18. 超金榜題名術　陳蒼杰譯　200 元
19. 靈活記憶術　林耀慶編著　180 元
20. 數學增強要領　江修楨編著　180 元

・實用心理學講座・大展編號 21

1. 拆穿欺騙伎倆　多湖輝著　140 元
2. 創造好構想　多湖輝著　140 元
3. 面對面心理術　多湖輝著　160 元
4. 偽裝心理術　多湖輝著　140 元

5. 透視人性弱點	多湖輝著	140 元
6. 自我表現術	多湖輝著	180 元
7. 不可思議的人性心理	多湖輝著	180 元
8. 催眠術入門	多湖輝著	150 元
9. 責罵部屬的藝術	多湖輝著	150 元
10. 精神力	多湖輝著	150 元
11. 厚黑說服術	多湖輝著	150 元
12. 集中力	多湖輝著	150 元
13. 構想力	多湖輝著	150 元
14. 深層心理術	多湖輝著	160 元
15. 深層語言術	多湖輝著	160 元
16. 深層說服術	多湖輝著	180 元
17. 掌握潛在心理	多湖輝著	160 元
18. 洞悉心理陷阱	多湖輝著	180 元
19. 解讀金錢心理	多湖輝著	180 元
20. 拆穿語言圈套	多湖輝著	180 元
21. 語言的內心玄機	多湖輝著	180 元
22. 積極力	多湖輝著	180 元

・超現實心理講座・大展編號 22

1. 超意識覺醒法	詹蔚芬編譯	130 元
2. 護摩秘法與人生	劉名揚編譯	130 元
3. 秘法！超級仙術入門	陸明譯	150 元
4. 給地球人的訊息	柯素娥編著	150 元
5. 密教的神通力	劉名揚編著	130 元
6. 神秘奇妙的世界	平川陽一著	200 元
7. 地球文明的超革命	吳秋嬌譯	200 元
8. 力量石的秘密	吳秋嬌譯	180 元
9. 超能力的靈異世界	馬小莉譯	200 元
10. 逃離地球毀滅的命運	吳秋嬌譯	200 元
11. 宇宙與地球終結之謎	南山宏著	200 元
12. 驚世奇功揭秘	傅起鳳著	200 元
13. 啓發身心潛力心象訓練法	栗田昌裕著	180 元
14. 仙道術遁甲法	高藤聰一郎著	220 元
15. 神通力的秘密	中岡俊哉著	180 元
16. 仙人成仙術	高藤聰一郎著	200 元
17. 仙道符咒氣功法	高藤聰一郎著	220 元
18. 仙道風水術尋龍法	高藤聰一郎著	200 元
19. 仙道奇蹟超幻像	高藤聰一郎著	200 元
20. 仙道鍊金術房中法	高藤聰一郎著	200 元
21. 奇蹟超醫療治癒難病	深野一幸著	220 元
22. 揭開月球的神秘力量	超科學研究會	180 元
23. 西藏密教奧義	高藤聰一郎著	250 元

24. 改變你的夢術入門　高藤聰一郎著　250 元
25. 21 世紀拯救地球超技術　深野一幸著　250 元

·養生保健· 大展編號 23

1. 醫療養生氣功	黃孝寬著	250 元
2. 中國氣功圖譜	余功保著	250 元
3. 少林醫療氣功精粹	井玉蘭著	250 元
4. 龍形實用氣功	吳大才等著	220 元
5. 魚戲增視強身氣功	宮　嬰著	220 元
6. 嚴新氣功	前新培金著	250 元
7. 道家玄牝氣功	張　章著	200 元
8. 仙家秘傳袪病功	李遠國著	160 元
9. 少林十大健身功	秦慶豐著	180 元
10. 中國自控氣功	張明武著	250 元
11. 醫療防癌氣功	黃孝寬著	250 元
12. 醫療強身氣功	黃孝寬著	250 元
13. 醫療點穴氣功	黃孝寬著	250 元
14. 中國八卦如意功	趙維漢著	180 元
15. 正宗馬禮堂養氣功	馬禮堂著	420 元
16. 秘傳道家筋經內丹功	王慶餘著	280 元
17. 三元開慧功	辛桂林著	250 元
18. 防癌治癌新氣功	郭　林著	180 元
19. 禪定與佛家氣功修煉	劉天君著	200 元
20. 顛倒之術	梅自強著	360 元
21. 簡明氣功辭典	吳家駿編	360 元
22. 八卦三合功	張全亮著	230 元
23. 朱砂掌健身養生功	楊永著	250 元
24. 抗老功	陳九鶴著	230 元
25. 意氣按穴排濁自療法	黃啓運編著	250 元
26. 陳式太極拳養生功	陳正雷著	200 元
27. 健身祛病小功法	王培生著	200 元
28. 張式太極混元功	張春銘著	250 元
29. 中國璇密功	羅琴編著	250 元
30. 中國少林禪密功	齊飛龍著	200 元
31. 郭林新氣功	郭林新氣功研究所	400 元

·社會人智囊· 大展編號 24

1. 糾紛談判術	清水增三著	160 元
2. 創造關鍵術	淺野八郎著	150 元
3. 觀人術	淺野八郎著	200 元
4. 應急詭辯術	廖英迪編著	160 元

5. 天才家學習術	木原武一著	160 元
6. 貓型狗式鑑人術	淺野八郎著	180 元
7. 逆轉運掌握術	淺野八郎著	180 元
8. 人際圓融術	澀谷昌三著	160 元
9. 解讀人心術	淺野八郎著	180 元
10. 與上司水乳交融術	秋元隆司著	180 元
11. 男女心態定律	小田晉著	180 元
12. 幽默說話術	林振輝編著	200 元
13. 人能信賴幾分	淺野八郎著	180 元
14. 我一定能成功	李玉瓊譯	180 元
15. 獻給青年的嘉言	陳蒼杰譯	180 元
16. 知人、知面、知其心	林振輝編著	180 元
17. 塑造堅強的個性	坂上肇著	180 元
18. 爲自己而活	佐藤綾子著	180 元
19. 未來十年與愉快生活有約	船井幸雄著	180 元
20. 超級銷售話術	杜秀卿譯	180 元
21. 感性培育術	黃靜香編著	180 元
22. 公司新鮮人的禮儀規範	蔡媛惠譯	180 元
23. 傑出職員鍛鍊術	佐佐木正著	180 元
24. 面談獲勝戰略	李芳黛譯	180 元
25. 金玉良言撼人心	森純大著	180 元
26. 男女幽默趣典	劉華亭編著	180 元
27. 機智說話術	劉華亭編著	180 元
28. 心理諮商室	柯素娥譯	180 元
29. 如何在公司崢嶸頭角	佐佐木正著	180 元
30. 機智應對術	李玉瓊編著	200 元
31. 克服低潮良方	坂野雄二著	180 元
32. 智慧型說話技巧	沈永嘉編著	180 元
33. 記憶力、集中力增進術	廖松濤編著	180 元
34. 女職員培育術	林慶旺編著	180 元
35. 自我介紹與社交禮儀	柯素娥編著	180 元
36. 積極生活創幸福	田中真澄著	180 元
37. 妙點子超構想	多湖輝著	180 元
38. 說 NO 的技巧	廖玉山編著	180 元
39. 一流說服力	李玉瓊編著	180 元
40. 般若心經成功哲學	陳鴻蘭編著	180 元
41. 訪問推銷術	黃靜香編著	180 元
42. 男性成功秘訣	陳蒼杰編著	180 元
43. 笑容、人際智商	宮川澄子著	180 元
44. 多湖輝的構想工作室	多湖輝著	200 元
45. 名人名語啓示錄	喬家楓著	180 元
46. 口才必勝術	黃柏松編著	220 元
47. 能言善道的說話術	章智冠編著	180 元
48. 改變人心成爲贏家	多湖輝著	200 元

49. 說服的ＩＱ	沈永嘉譯	200 元
50. 提升腦力超速讀術	齊藤英治著	200 元
51. 操控對手百戰百勝	多湖輝著	200 元
52. 面試成功戰略	柯素娥編著	200 元
53. 摸透男人心	劉華亭編著	180 元
54. 撼動人心優勢口才	龔伯牧編著	180 元
55. 如何使對方說 yes	程　羲編著	200 元
56. 小道理・美好人生	林政峰編著	180 元
57. 拿破崙智慧箴言	柯素娥編著	200 元
58. 解開第六感之謎	匠英一編著	200 元
59. 讀心術入門	王嘉成編著	180 元

・精 選 系 列・大展編號 25

1. 毛澤東與鄧小平	渡邊利夫等著	280 元
2. 中國大崩裂	江戶介雄著	180 元
3. 台灣・亞洲奇蹟	上村幸治著	220 元
4. 7-ELEVEN 高盈收策略	國友隆一著	180 元
5. 台灣獨立（新・中國日本戰爭一）	森詠著	200 元
6. 迷失中國的末路	江戶雄介著	220 元
7. 2000 年 5 月全世界毀滅	紫藤甲子男著	180 元
8. 失去鄧小平的中國	小島朋之著	220 元
9. 世界史爭議性異人傳	桐生操著	200 元
10. 淨化心靈享人生	松濤弘道著	220 元
11. 人生心情診斷	賴藤和寬著	220 元
12. 中美大決戰	檜山良昭著	220 元
13. 黃昏帝國美國	莊雯琳譯	220 元
14. 兩岸衝突（新・中國日本戰爭二）	森詠著	220 元
15. 封鎖台灣（新・中國日本戰爭三）	森詠著	220 元
16. 中國分裂（新・中國日本戰爭四）	森詠著	220 元
17. 由女變男的我	虎井正衛著	200 元
18. 佛學的安心立命	松濤弘道著	220 元
19. 世界喪禮大觀	松濤弘道著	280 元
20. 中國內戰（新・中國日本戰爭五）	森詠著	220 元
21. 台灣內亂（新・中國日本戰爭六）	森詠著	220 元
22. 琉球戰爭 ①（新・中國日本戰爭七）	森詠著	220 元
23. 琉球戰爭 ②（新・中國日本戰爭八）	森詠著	220 元
24. 中台戰爭（新・中國日本戰爭九）	森詠著	220 元
25. 美中開戰（新・中國日本戰爭十）	森詠著	元

・運 動 遊 戲・大展編號 26

1. 雙人運動	李玉瓊譯	160 元

2. 愉快的跳繩運動　廖玉山譯　180 元
3. 運動會項目精選　王佑京譯　150 元
4. 肋木運動　廖玉山譯　150 元
5. 測力運動　王佑宗譯　150 元
6. 游泳入門　唐桂萍編著　200 元
7. 帆板衝浪　王勝利譯　300 元
8. 蛙泳七日通　溫仲華編著　180 元

・休閒娛樂・大展編號 27

1. 海水魚飼養法　田中智浩著　300 元
2. 金魚飼養法　曾雪玫譯　250 元
3. 熱門海水魚　毛利匡明著　480 元
4. 愛犬的教養與訓練　池田好雄著　250 元
5. 狗教養與疾病　杉浦哲著　220 元
6. 小動物養育技巧　三上昇著　300 元
7. 水草選擇、培育、消遣　安齊裕司著　300 元
8. 四季釣魚法　釣朋會著　200 元
9. 簡易釣魚入門　張果馨譯　200 元
10. 防波堤釣入門　張果馨譯　220 元
11. 透析愛犬習性　沈永嘉譯　200 元
20. 園藝植物管理　船越亮二著　220 元
21. 實用家庭菜園ＤＩＹ　孔翔儀著　200 元
30. 汽車急救ＤＩＹ　陳瑞雄編著　200 元
31. 巴士旅行遊戲　陳羲編著　180 元
32. 測驗你的ＩＱ　蕭京凌編著　180 元
33. 益智數字遊戲　廖玉山編著　180 元
40. 撲克牌遊戲與贏牌秘訣　林振輝編著　180 元
41. 撲克牌魔術、算命、遊戲　林振輝編著　180 元
42. 撲克占卜入門　王家成編著　180 元
50. 兩性幽默　幽默選集編輯組　180 元
51. 異色幽默　幽默選集編輯組　180 元
52. 幽默魔法鏡　玄虛叟編著　180 元

・銀髮族智慧學・大展編號 28

1. 銀髮六十樂逍遙　多湖輝著　170 元
2. 人生六十反年輕　多湖輝著　170 元
3. 六十歲的決斷　多湖輝著　170 元
4. 銀髮族健身指南　孫瑞台編著　250 元
5. 退休後的夫妻健康生活　施聖茹譯　200 元

・飲食保健・大展編號 29

1.	自己製作健康茶	大海淳著	220 元
2.	好吃、具藥效茶料理	德永睦子著	220 元
3.	改善慢性病健康藥草茶	吳秋嬌譯	200 元
4.	藥酒與健康果菜汁	成玉編著	250 元
5.	家庭保健養生湯	馬汴梁編著	220 元
6.	降低膽固醇的飲食	早川和志著	200 元
7.	女性癌症的飲食	女子營養大學	280 元
8.	痛風者的飲食	女子營養大學	280 元
9.	貧血者的飲食	女子營養大學	280 元
10.	高脂血症者的飲食	女子營養大學	280 元
11.	男性癌症的飲食	女子營養大學	280 元
12.	過敏者的飲食	女子營養大學	280 元
13.	心臟病的飲食	女子營養大學	280 元
14.	滋陰壯陽的飲食	王增著	220 元
15.	胃、十二指腸潰瘍的飲食	勝健一等著	280 元
16.	肥胖者的飲食	雨宮禎子等著	280 元
17.	癌症有效的飲食	河內卓等著	300 元
18.	糖尿病有效的飲食	山田信博等著	元
19.	骨質疏鬆症有效的飲食	板橋明等著	元

・家庭醫學保健・大展編號 30

1.	女性醫學大全	雨森良彥著	380 元
2.	初為人父育兒寶典	小瀧周曹著	220 元
3.	性活力強健法	相建華著	220 元
4.	30 歲以上的懷孕與生產	李芳黛編著	220 元
5.	舒適的女性更年期	野末悅子著	200 元
6.	夫妻前戲的技巧	笠井寬司著	200 元
7.	病理足穴按摩	金慧明著	220 元
8.	爸爸的更年期	河野孝旺著	200 元
9.	橡皮帶健康法	山田晶著	180 元
10.	三十三天健美減肥	相建華等著	180 元
11.	男性健美入門	孫玉祿編著	180 元
12.	強化肝臟秘訣	主婦之友社編	200 元
13.	了解藥物副作用	張果馨譯	200 元
14.	女性醫學小百科	松山榮吉著	200 元
15.	左轉健康法	龜田修等著	200 元
16.	實用天然藥物	鄭炳全編著	260 元
17.	神秘無痛平衡療法	林宗駛著	180 元
18.	膝蓋健康法	張果馨譯	180 元
19.	針灸治百病	葛書翰著	250 元

20. 異位性皮膚炎治癒法	吳秋嬌譯	220 元
21. 禿髮白髮預防與治療	陳炳崑編著	180 元
22. 埃及皇宮菜健康法	飯森薰著	200 元
23. 肝臟病安心治療	上野幸久著	220 元
24. 耳穴治百病	陳抗美等著	250 元
25. 高效果指壓法	五十嵐康彥著	200 元
26. 瘦水、胖水	鈴木園子著	200 元
27. 手針新療法	朱振華著	200 元
28. 香港腳預防與治療	劉小惠譯	250 元
29. 智慧飲食吃出健康	柯富陽編著	200 元
30. 牙齒保健法	廖玉山編著	200 元
31. 恢復元氣養生食	張果馨譯	200 元
32. 特效推拿按摩術	李玉田著	200 元
33. 一週一次健康法	若狹真著	200 元
34. 家常科學膳食	大塚滋著	220 元
35. 夫妻們閱讀的男性不孕	原利夫著	220 元
36. 自我瘦身美容	馬野詠子著	200 元
37. 魔法姿勢益健康	五十嵐康彥著	200 元
38. 眼病錘療法	馬栩周著	200 元
39. 預防骨質疏鬆症	藤田拓男著	200 元
40. 骨質增生效驗方	李吉茂編著	250 元
41. 蕺菜健康法	小林正夫著	200 元
42. 赧於啓齒的男性煩惱	增田豐著	220 元
43. 簡易自我健康檢查	稻葉允著	250 元
44. 實用花草健康法	友田純子著	200 元
45. 神奇的手掌療法	日比野喬著	230 元
46. 家庭式三大穴道療法	刑部忠和著	200 元
47. 子宮癌、卵巢癌	岡島弘幸著	220 元
48. 糖尿病機能性食品	劉雪卿編著	220 元
49. 奇蹟活現經脈美容法	林振輝編譯	200 元
50. Super SEX	秋好憲一著	220 元
51. 了解避孕丸	林玉佩譯	200 元
52. 有趣的遺傳學	蕭京凌編著	200 元
53. 強身健腦手指運動	羅群等著	250 元
54. 小周天健康法	莊雯琳譯	200 元
55. 中西醫結合醫療	陳蒼杰譯	200 元
56. 沐浴健康法	楊鴻儒譯	200 元
57. 節食瘦身秘訣	張芷欣編著	200 元
58. 酵素健康法	楊皓譯	200 元
59. 一天 10 分鐘健康太極拳	劉小惠譯	250 元
60. 中老年人疲勞消除法	五味雅吉著	220 元
61. 與齲齒訣別	楊鴻儒譯	220 元
62. 禪宗自然養生法	費德漢編著	200 元
63. 女性切身醫學	編輯群編	200 元

國家圖書館出版品預行編目資料

劉伯溫神算兵法／應涵編著
——初版，——臺北市，大展，2001年〔民90〕
面；21公分，——（神算大師；1）
ISBN 957-468-090-8（平裝）
1.兵法—中國
592.097 90010405

劉伯溫神算兵法 ISBN 957-468-090-8

著　　者／應　涵
發 行 人／蔡森明
出 版 者／大展出版社有限公司
社　　址／台北市北投區（石牌）致遠一路2段12巻1號
電　　話／（02）28236031・28236033・28233123
傳　　眞／（02）28272069
郵政劃撥／01669551
E－mail／dah-jaan@ms 9.tisnet.net.tw
登 記 證／局版臺業字第2171號
承 印 者／國順文具印刷行
裝　　訂／嶸興裝訂有限公司
排 版 者／弘益電腦排版有限公司
初版1刷／2001年（民90年）9月

定　價／280元

大展好書 好書大展

大展好書 好書大展